Die Haftpflicht der Eisenbahnen

und

die Unfall-Versicherung.

Ein Vorschlag zur Reform des Haftpflicht-Gesetzes
vom 7. Juni 1871

von

Otto v. Mühlenfels,
Kgl. Preuß. Regierungsrath a. D.
Mitglied der Direktion der Braunschweigischen Eisenbahn-Gesellschaft.

Berlin.
Druck und Verlag von G. Reimer.
1884.

Vorwort.

Die in den nachstehenden Seiten niedergelegten Anschauungen haben sich bei mir im Laufe der zehn Jahre, seit denen ich den leitenden Kreisen Deutscher Eisenbahn-Verwaltungen angehöre, gebildet und werden, wie ich zu wissen glaube, im Ganzen und Großen von der Mehrzahl meiner Herren Berufsgenossen getheilt, ohne daß bisher in der Presse und Literatur eine eingehende Darlegung und Vertretung dieser Ansichten stattgefunden hätte.

Veranlassung zur jetzigen Niederschrift gab mir die Veröffentlichung der Grundzüge des Unfalls-Versicherungsgesetz-Entwurfs, dessen Berathungen im Reichstage demnächst beginnen werden. Schwerlich kehrt sobald ein günstigerer Zeitpunkt wieder, um die von mir als nothwendig betonte Reform in's Leben zu rufen.

Sollte es mir gelungen sein, zu dem Ausbau des großen socialpolitischen Reform-Werkes, welches die Deutsche Reichs-

Regierung in ihre mächtige Hand genommen hat, durch meinee Anregung einen bescheidenen Beitrag zu liefern, so würde derr Wunsch erfüllt werden, der mir bei dieser Arbeit die Federr geführt hat.

Braunschweig, den 11. März 1884.

Inhalt.

Einleitung.

Die Reihe der eigentlich socialen Gesetze des Deutschen Reiches, 1 welche den besonderen Zweck der Fürsorge für das Wohl der arbeitenden Klassen haben, ist seiner Zeit eröffnet worden durch das Reichshaftpflicht-Gesetz vom 7. Juni 1871. Allerdings war man sich beim Erlaß desselben kaum bewußt, daß dies Gesetz den ersten Schritt auf dem Wege einer mächtigen Social-Reform bedeuten würde. Die Bewegung, welche ihren beredtesten Ausdruck in jenen kaiserlichen Botschaften vom 17. Nov. 1881 und 14. Nov. 1882 gefunden hat, war damals noch nicht aus den Kreisen der Arbeiter heraus in die leitenden und denkenden Kreise des Volks gedrungen. Das Haftpflicht-Gesetz verdankte seine Entstehung mehr einer allgemeinen Erwägung über die jedem Menschen aus der Natur des Dampf- und Maschinen-Wesens und insbesondere aus dem für Hoch und Niedrig gleich unentbehrlich gewordenen Eisenbahn-Betriebe drohenden Gefahren. Das Gesetz spricht deshalb seine Wohlthaten keineswegs bloß den beim Betriebe von Eisenbahnen, Fabriken und Bergwerken beschäftigten Personen, sondern gleichmäßig allen denen zu, welche bei diesem Betriebe getödtet und verletzt sind. Es ist sogar aus den Motiven und Berathungen nachweisbar, daß nicht in letzter Linie die Rücksichten auf das reisende Publikum für das Gesetz entscheidend gewesen sind. Man hoffte auch namentlich auf Eisenbahn- und Fabrik-Unternehmer einen starken Druck auszuüben, daß sie Alles aufbieten würden, um die aus ihrem Betriebe für Gesundheit und Leben entspringenden Gefahren durch vervollkommnete technische und Verwaltungs-Einrichtungen abzumindern.

„Der Größe der mit dem Eisenbahnbetrieb verbundenen Gefahr und dem Vertrauen, mit dem das Publikum auf die Einrichtungen und Anordnungen der Eisenbahnverwaltung sich zu verlassen genöthigt ist", — sagen die Motive des Gesetzes — „muß das höchste Maaß der Verantwortlichkeit auf Seiten des Unternehmers entsprechen".

Die Praxis des Gesetzes hat inzwischen mehr, als man bei Erlaaß desselben vielleicht glaubte, gezeigt, daß seine Wohlthaten fast ausschließlich den arbeitenden Klassen d. h. den bei den betroffenen Betrieben beschäftigten oder angestellten Personen zu Gute kommen, welche dort durch körperliche Arbeit ihren Erwerb finden. Die außerordentlich geringe Anzahl von Reisenden oder dritten Personen, welche beim Eisenbahn- oder Fabrik-Betriebe unverschuldet verletzt werden, kommt wirthschaftlich kaum in Betracht*). Der Schwerpunkt des Gesetzes liegt in dem Schutz, welchen es den arbeitenden Klassen gewährt.

12 Jahre sind inzwischen vergangen. Der Grundgedanke des Gesetzes, die Erkenntniß von der Nothwendigkeit eines Schutzes der in gefährlichen Betrieben beschäftigten Personen gegen die wirthschaftlichen Folgen der aus diesen Gefahren hervorgehenden Unfälle, ist in Fleisch und Blut der Nation übergegangen, er hat sich durch alle Anfechtungen hindurch bewährt. Keine Partei, weder die reaktionärste noch die radikalste würde es wagen können, das Gesetz zu beseitigen, ohne Aehnliches und Besseres an seine Stelle zu setzen.

Aber neben den großen socialen Errungenschaften, welche das Gesetz bedeutet, sind in der langjährigen Praxis zahlreiche und schwere Fehler desselben hervorgetreten, welche gebieterisch Abhülfe fordern.

Eben jetzt ist seitens der Reichsregierung der Entwurf eines bedeutsamen Gesetzes vorgelegt, welches den weiteren Ausbau der gesunden im Reichshaftpflicht-Gesetz enthaltenen Gedanken bezweckt. Das Unfall-Versicherungs-Gesetz verallgemeinert den Anwendungskreis des Haftpflichtgesetzes, indem es den Arbeiter gegen alle — auch selbstverschuldete — Unfälle versichert, welche ihn bei einem großen Theile der modernen mit Gefahr verbundenen Betriebe mit alleinigem Ausschluß der Eisenbahnen betreffen; es schränkt aber den Umfang der Entschädigung, welchen das Haftpflicht-Gesetz sehr weit greift, erheblich ein und vermeidet dadurch die-

*) Vgl. 11 und 12 dieser Schrift.

jenigen Mängel, welche sich in der Anwendung des Haftpflicht-Gesetzes herausgestellt haben. Den § 2 des Haftpflicht-Gesetzes, welcher sich auf Unfälle in Bergwerken, Steinbrüchen und Fabriken bezieht, beseitigt der neue Gesetz-Entwurf fast in seiner ganzen Anwendungssphäre.

Wie nahe liegt da der Gedanke, daß man gleichzeitig mit der gesetzgeberischen Inangriffnahme der Unfall-Versicherung auch das frühere seiner Materie nach durchaus gleichartige Haftpflicht-Gesetz einer Umarbeitung unterzieht und seine Fehler beseitigt!

Wir beabsichtigen, in der folgenden Darstellung diese Fehler und Schwächen soweit sie bei der Anwendung auf die Eisenbahnen zu Tage getreten sind, unter besonderer Berücksichtigung der bezüglichen Bestimmungen des Unfall-Versicherungs-Gesetzes klar zu legen und die zu ihrer Beseitigung erforderlichen gesetzgeberischen Schritte zu bezeichnen.

I. Abschnitt.

Theorie und Praxis des Haftpflicht-Gesetzes in Bezug auf die Eisenbahnen.

a) Das „eigene Verschulden" als Ausschließungs-Grund der Haftpflicht.

2

Das Haftpflichtgesetz behandelt bekanntlich die Tödtungen und Verletzungen beim Eisenbahn-Betriebe völlig abweichend von den bei anderen mit Gefahr verbundenen Betrieben vorkommenden, indem es dem Eisenbahn-Betriebs-Unternehmer zur Befreiung von der Entschädigungs-Pflicht den Beweis des eigenen Verschuldens seitens des Verletzten oder Getödteten aufbürdet, bei den im § 2 des Gesetzes genannten Betrieben aber dem Verletzten zur Begründung seines Entschädigungs-Anspruchs den Beweis über die Verschuldung seitens des Unternehmers oder seiner Leute auferlegt.

Der Grund dieser völlig gegensätzlichen Behandlung war lediglich der, daß man die Gefahren des Eisenbahn-Betriebes für außerordentlich groß ansah, so daß bei allen dort vorkommenden Beschädigungen die Schuldlosigkeit des Verletzten — jedoch vorbehaltlich des Gegenbeweises — zu vermuthen sei, während im Gegentheil bei andern Betrieben mit Rücksicht auf ihre geringe Gefährlichkeit im Fall einer Verletzuug eigene Verschuldung des Verletzten so lange anzunehmen sei, bis derselbe den Gegenbeweis führe, daß die Schuld auf Seiten des Unternehmers oder seiner Leute liege.

Wir werden später, bei 11 und 12 dieser Schrift, den Beweis führen, daß die Gefährlichkeit des Eisenbahn-Betriebes für Leben und Gesundheit der Betheiligten keineswegs größer, sogar vielfach geringer ist, als die sehr vieler anderer Betriebe. — Wir erwähnen hier nur das gesammte Bergwerks- und Hütten-Wesen, die chemischen, fast ausnahmslos mit gesundheitsschädlichen Stoffen arbeitenden und besonders die Explosivstoff-Fabriken, endlich den Werkstättendienst, der, obgleich mit dem Eisenbahn-Dienst verbunden, doch außerhalb des Eisenbahn-Betriebes im Sinne des Gesetzes steht und fast ebenso zahlreiche Verletzungen verursacht, als dieser selbst.

Wir wollen aber hier einstweilen von der mehr praktischen Frage einer geringeren oder größeren Gefährlichkeit absehen und vielmehr untersuchen: ist es denn überhaupt richtig, auf das Verschulden hier des Verletzten, dort des Unternehmers ein so gewaltiges Gewicht zu legen, daß man im ersten Fall bei nachgewiesenem Verschulden jede Haftpflicht ausschließt, im letzteren eine solche nur bei nachgewiesenem Verschulden anerkennt?

Der vorliegende Entwurf des Unfall-Gesetzes hat beide Fragen schon beantwortet, indem er für alle in den ihm unterworfenen Betrieben beschäftigten Personen bei Verletzungen oder Tödtungen den Anspruch auf die Unfall-Versicherung weder durch den Nachweis eigenen Verschuldens beseitigen läßt noch auch zu seiner Begründung einen solchen Nachweis auf Seiten des Unternehmers oder seiner Leute verlangt.

Nur für die Eisenbahnen wird die erwähnte Bestimmung des Haftpflicht-Gesetzes bestehen bleiben, da das Unfall-Versicherungs-Gesetz auf sie keine Anwendung finden soll; den Ansprüchen aus Verletzungen oder Tödtungen beim Eisenbahn-Betriebe wird nach wie vor der Einwand des eigenen Verschuldens entgegengesetzt werden und dadurch nicht nur der die Höhe der Unfall-Versicherung übersteigende Betrag der auf

Grund der Haftpflicht zu gewährenden Entschädigung, sondern jede Entschädigung überhaupt beseitigt werden. Das heißt also: es wird künftig ein durch eigene Unvorsichtigkeit verunglückter Fabrikarbeiter auf Grund des neuen Gesetzes versichert sein, ein in gleicher Weise beim Bahnbetriebe Verunglückter aber nicht!

Schon diese ungleichmäßige Behandlung erscheint bedenklich! und zwar um so mehr, als dadurch offenbar das Gegentheil von dem erreicht wird, was der Gesetzgeber beabsichtigt. Indem dieser die im Eisenbahn-Dienst Beschäftigten von der Unfall-Versicherung ausschließt, geht er von der Voraussetzung aus, daß die strengen Bestimmungen des Haftpflicht-Gesetzes für alle Verletzungen im Eisenbahn-Betrieb einen viel vollkommeneren Schutz gewähren, als das Unfall-Gesetz. Das ist ja auch vollkommen richtig in Bezug auf die Höhe der Entschädigungen. Aber die Voraussetzungen sind andere und beim Haftpflichtgesetz insofern für den Verletzten ungünstigere, als ihm der Nachweis des eigenen Verschuldens geführt werden kann. Insofern ist also der im Bahnbetrieb Verletzte durch den Ausschluß von der Unfall-Versicherung schlechter gestellt, als alle durch diese Geschützten.

Wir stehen nun nicht an, die Vorschrift des Haftpflichtgesetzes, daß der Nachweis des eigenen Verschuldens auf Seiten des Verletzten von der ganzen Haftpflicht befreit, für eine derjenigen Bestimmungen zu halten, bei welchen die Praxis des Lebens mit der Theorie des Rechts in einen grellen Widerspruch tritt. Es liegt hier einer der Fälle vor, wo die allgemeinen Rechtssätze auf einzelnen Gebieten sich den Anforderungen der neuen Kultur-Zustände nicht mehr gewachsen zeigen und deßhalb durch den Gesetzgeber ergänzt werden müssen.

Vom Standpunkt der Rechts-Theorie aus ist es gewiß vollkommen richtig zu sagen, daß eine Schadens-Forderung niemals auf eine durch eigenes Verschulden herbeigeführte Ursache gegründet werden kann.

Dennoch hat diese für den Laien wie für den Juristen fast selbstverständliche Klausel im Haftpflicht-Gesetz, in Verbindung mit andern später zu erörternden Unklarheiten des Gesetzes, zu einer Verwirrung der Rechtsprechung, zu einer Beunruhigung der durch das Gesetz betroffenen Kreise, und insbesondere zu einem wahren Hasard-Spiel der Processe geführt, wie es geradezu beispiellos genannt werden muß.

Wir nehmen zunächst Fälle an, welche zweifellos beim Betriebe der Eisenbahn sich ereignet haben.

Es liegt auf der Hand, daß der Betriebs-Unternehmer, welchem die Haftpflicht in ihrer jetzigen Formulirung eine sehr reichliche, ja, wie wir später sehen werden, in den meisten Fällen ungerechtfertigt hohe Entschädigung auferlegt, sich mit allen ihm zu Gebote stehenden Mitteln an den einzigen Strohhalm klammert, welcher ihm das Gesetz zur Befreiung von der Haftpflicht läßt, das ist, da Fälle der höheren Gewalt zu selten sind, um hier in Betracht kommen zu können — der Nachweis des eigenen Verschuldens. Die Schwierigkeit der Führung dieses Nachweises steht in einem höchst auffallenden Gegensatz zu der großen Zahl der Fälle, in welchen für jeden Unbefangenen das Vorhandensein eigenen Verschuldens zweifellos ist. Dieser Gegensatz erklärt sich indessen sehr leicht, wenn man die Stellung des Richters zu der Frage des eigenen Verschuldens erwägt. In den bei Weitem meisten Fällen handelt es sich ja keineswegs um ein moralisches Verschulden, sondern lediglich um eine Außerachtlassung der gewöhnlichen Aufmerksamkeit, um eine Verletzung gegebener Sicherheits-Vorschriften, um Unvorsichtigkeiten alltäglicher Natur, welche 99 mal keine Folgen haben und beim hundertsten Male dem Thäter Verderben bringen. Wer aus eigener Anschauung den Eisenbahn-Betrieb kennt — wir sprechen hier nur von diesem, obgleich in zahllosen anderen Betrieben es nicht anders hergeht — der weiß, daß Unvorsichtigkeiten des Dienstpersonals vollkommen zu den Alltäglichkeiten gehören, und daß keine Disciplin der Welt im Stande sein wird, die Bediensteten der niederen Gattungen, um die es sich ja meist handelt, zu derjenigen Aufmerksamkeit zu erziehen, welche erforderlich ist, um sich vor Gefahren zu schützen. Es giebt gewisse stereotype und jedem, auch dem jüngsten Eisenbahn-Bediensteten geläufige Verbote, wie das des Schiebens an den Buffern, des Gehens im Geleise, des Aufspringens auf bewegte Fahrzeuge, die dennoch immer und immer wieder übertreten werden und alljährlich zahlreiche Opfer fordern. Bequemlichkeit, Gedankenlosigkeit und selbst bewußter Leichtsinn spielen hier überall ihre Rolle. Zweifellos trägt auch die tägliche Gewöhnung an gewisse gefährliche Verrichtungen dazu bei, in ein falsches Sicherheits-Gefühl einzuwiegen. Aber Alles dies ändert doch nichts daran, daß in allen Fällen der bezeichneten Art eigene Unvorsichtigkeit die Veranlassung des Unfalls ist. Der häufig gehörte und von der Rechtsprechung des höchsten Gerichtshofs anerkannte Einwand, daß solche Unvorsichtigkeiten unter den Augen der Vorgesetzten geschehen und geduldet worden seien, wird bei unbefangener Prüfung selten stichhaltig sein. Es wird dabei verkannt, daß der Eisenbahndienst keine militärische Erziehungsanstalt ist, bei der das Auge des Vorgesetzten überall zu sein hat, sondern, daß hier jeder, wenn auch unter Kontrole und Aufsicht, doch auf eigene Verantwortung handelt. Die Unvorsichtigkeit und die Verletzung der Vorschrift bleibt bestehen, auch wenn der Vorgesetzte sie nicht jedesmal rügt. Ebenso wenig kann die oft gehörte und vom Richter zugelassene Entschuldigung, daß die Eile des Dienstes die vorschriftswidrige Handlungsweise erfordert habe, stichhaltig sein. Denn die Befolgung einer Vorschrift kann dem Untergebenen niemals zum Vorwurf gereichen; wird dadurch der Dienst in anderer Weise geschädigt, so ist dafür nicht derjenige verantwortlich, der die Vorschrift befolgt, sondern derjenige, der sie gegeben hat. Aber das freilich muß in solchen wie in zahllosen anderen Fällen zugegeben werden, daß es tief in der menschlichen Natur, in ihrer Unvollkommenheit begründet liegt, wenn Unvorsichtigkeiten der geschilderten Art immer und immer wieder vorkommen. Jeder praktische Eisenbahnbeamte wird bestätigen, daß eine große Anzahl aller Verletzungen im Betriebe bei einiger Aufmerksamkeit seitens der Verletzten selbst hätte vermieden werden können. Aber freilich ist der Beweis hierfür sehr schwer zu erbringen einem Richter gegenüber, der sich sagen muß: das Verschulden, welches für den Verletzten so schwere Folgen gehabt hat, ist ein so geringes, daß es völlig außer Verhältniß zu diesen steht: es ist ein solches, wie es in dem Lebens- und Berufs-Kreise des Verletzten alltäglich ist; es ist ein Versehen, wie es eben jedem Menschen passirt — nur, daß solche Versehen in gewöhnlichen Lebens-Verhältnissen nur unbedeutende Folgen haben, während sie bei dem Eisenbahn-Bediensteten Leben und Gesundheit gefährden. Zu diesen menschlichen Erwägungen in der Seele des erkennenden Richters tritt noch ein anderer viel stärkerer Faktor: es ist das Mitleid mit der Lage des Verletzten. Meist sind es ja Leute, die auf ihre Arbeitskraft als die einzige Quelle ihres Erwerbs angewiesen sind, und denen nun durch den Unfall diese Quelle entweder ganz verstopft oder doch geschmälert ist. Fast ausnahmslos ist der Verletzte der Ernährer einer zahlreichen

Familie. Und wie stellt sich nun seine Lage, wenn der Richter die Schuldfrage bejaht? Wie unsere socialen Zustände bisher lagen, war Elend und Hunger das fast sichere Loos. Denn die Unterstützungsfonds sind überall unzureichend bemessen, Pensions-Ansprüche sind für Arbeiter selten vorhanden, die Privatwohlthätigkeit wendet sich von allen Fällen ab, wo die Eisenbahn als wenigstens moralisch Verpflichtete vorhanden ist, und die öffentliche Armenunterstützung ist gewiß das traurigste Brod, was geboten werden kann. Diesem Elend gegenüber bietet sich bei der Verneinung der Schuld für den Verletzten nach dem Haftpflicht-Gesetz eine wenigstens in finanzieller Hinsicht verhältnißmäßig beneidenswerthe Zukunft, der völlig gesicherte und gänzlich mühelose Fortbezug des gesammten bisherigen Erwerbs. Wir kommen hierauf später*) noch näher zurück. Hier führen wir es nur an, um den Seelen-Zustand des Richters zu schildern, welcher sich in einem Haftpflichtfalle vor die schwere Entscheidung gestellt sieht: ist der Unfall durch eigenes Verschulden des Verletzten herbeigeführt oder nicht? Die Beantwortung dieser Frage ist um so schwieriger, als sie sich meist wiederum in eine That- und eine Rechts-Frage spaltet: welcher Thatbestand ist anzunehmen, und liegt hiernach in der Handlungsweise des Verletzten ein Verschulden? Hieran schließt sich oft noch eine weitere Rechtsfrage, ob nämlich ein Kausal-Zusammenhang zwischen der schuldhaften Handlungsweise des Verletzten und dem Unfall selbst vorhanden sei? So bietet jeder vor das Forum des Richters gebrachte Fall eine große Menge von Zweifeln und Bedenken und es ist bei der dem Verletzten zweifellos günstigen Disposition des Richters nur zu natürlich, daß seine Entscheidung zu Gunsten desselben lautet, wenn es nur irgend möglich ist, entweder das Verschulden selbst als nicht erwiesen anzusehen oder den Kausal-Zusammenhang zu verneinen. Man sieht es den Entscheidungsgründen der Gerichtshöfe in Haftpflicht-Sachen fast immer an, wie die dem Verletzten günstige Anschauung sich durch alle Bedenken hindurchringt. Dadurch ist denn auch in allen Kreisen der oberen wie der niederen Eisenbahnbeamten allmälig die Anschauung durchgedrungen, daß mit dem Einwand des eigenen Verschuldens nur in geradezu krassen Fällen durchzudringen ist. Und zwar scheitern die meisten derartigen

*) Bei 5.

Versuche an der Beweisfrage, da die Beobachtungen der Zeugen selten genau und zuverlässig genug sind und meist durch die in Folge des Unfalls eintretende Aufregung verdunkelt werden. Sehr häufig sind Zeugen oder Beweismittel überhaupt nicht vorhanden. Wir greifen nur einen in der Eisenbahn-Praxis gar nicht seltenen Fall heraus, daß ein Bahnwärter auf freier Strecke bei Dunkelheit überfahren und todt gefunden wird. Gewiß spricht die sehr starke Vermuthung dafür, daß er in unvorsichtiger Weise dem Geleise, auf dem der Zug herannahte, sich zu sehr genähert hat. Es ist aber auch die Möglichkeit nicht ausgeschlossen, daß er dienstlich am Geleise etwas zu thun hatte und vom Zuge überrascht wurde. Da ein Beweis für die Vermuthung nicht geführt, die Gegenbehauptung nicht entkräftet werden kann, wird der Richter die Haftpflicht aussprechen. „Vollständige Ungewißheit über die Ursache des Unfalls“, sagt ein Erkenntniß des Reichs-Oberhandelsgerichts, „befreit die Eisenbahn nicht von der gesetzlichen Haftpflicht. Die Bahn muß hierzu den positiven Nachweis eigenen Verschuldens oder höherer Gewalt erbringen.“

Bei dieser Sachlage ist es denn, wie gesagt, dahin gekommen, daß jetzt der Einwand des eigenen Verschuldens in den Haftpflicht-Processen immer seltener wird. Aber welchen Aufwandes an Zeit, Mühe und Kosten der Rechtsprechung hat es bedurft, um wenigstens soweit zu gelangen! Unter den Entscheidungen des Reichsoberhandels-Gerichts aus dem Zeitraum der Jahre 1872—79 betreffen nicht weniger als 212 principiell wichtige Fragen aus dem doch verhältnißmäßig sehr engen Gebiet des Haftpflicht-Gesetzes, und von diesen behandeln nicht weniger als 52 den Begriff des eigenen Verschuldens! Daß der Ausgang solcher Processe, bei denen der Einwand des eigenen Verschuldens gemacht war, ein fast unberechenbarer von den tausend Zufälligkeiten einer oft höchst prekären Beweisführung und der verschiedenen Auffassung über den Begriff des Verschuldens abhängiger war, ergiebt sich aus Vorstehendem von selbst. Ein Blick in die Statistik der Rechtsprechung lehrt, wie häufig die Instanzen geschwankt haben, und aus der Sammlung der Entscheidungen geht hervor, daß der höchste Gerichtshof seine Ansicht über principielle Fragen des Haftpflicht-Gesetzes mehrfach selbst geändert hat.

Dieses Hasardspiel der Processe, diese Unsicherheit der Rechtssprechung hat nun höchst beklagenswerthe Folgen gehabt. Vor Allem ist dadurch Denen, zu deren Schutz das Haftpflicht-Gesetz bestimmt ist, dieser Schutz verkümmert, weil er ihnen unsicher gemacht wurde. Die Eisenbahn-Verwaltungen entschlossen sich zur Anerkennung der Haftpflicht ihres unberechtigten Umfangs wegen nur sehr schwer; es wurde fast zum Princip, in allen nur einigermaßen zweifelhaften Fällen es auf die richterliche Entscheidung ankommen zu lassen; eben weil die Erfahrung lehrte, daß der Ausgang der Processe unberechenbar sei, ließ man es auf dieselben ankommen, schon in der Hoffnung, daß durch eine Mehrheit der Entscheidungen die Rechtsprechung selbst allmälig zu größerer Beständigkeit gelangen werde. Die Processe dauerten, da sie meist alle Instanzen durchliefen und mit verwickelten Beweisaufnahmen verbunden waren, oft jahrelang. Und die Kläger? Sie befanden sich in der Zwischenzeit in der peinlichen Lage des Hangens und Bangens, da der Proceß bei ihnen fast immer über die volle Existenzfrage entschied. Eine natürliche Folge dieses Zustandes war und ist eine höchst beklagenswerthe Verbitterung des Verhältnisses zwischen Arbeitgeber und Arbeitnehmer, da durch jeden Proceß zwischen ihnen der heftigste Interessenkampf entbrennt, dessen Hitze durch die Unsicherheit des Ausgangs noch verstärkt wird. Der Kampf war um so erbitterter, als auf beiden Seiten in gutem Glauben und im Vertrauen auf die Rechtsprechung gekämpft wurde, welche beiden Theilen nur zu oft bittere Enttäuschung gebracht hat.

b) Der Begriff des Eisenbahn-Betriebes als Erforderniß der Haftpflicht.

3

Alles, was wir bisher von der beklagenswerthen Unsicherheit in der Anwendung des Haftpflichtgesetzes gesagt haben, wie sie durch den Ausschließungsgrund des eigenen Verschuldens herbeigeführt wird, findet in noch erhöhtem Maaße Anwendung auf diejenige Bestimmung, wonach Haftpflicht im Sinn des Gesetzes stattfindet nur bei Verletzungen „im Betriebe der Eisenbahnen". Es ist gewiß, daß kein Gesetzes-Ausdruck der letzten 13 Jahre den Juristen, und namentlich denen der höchsten Gerichtshöfe mehr Kopfzerbrechen gekostet hat als dieser! Die

Entscheidungen des Reichsoberhandels- und Reichs-Gerichts, die sich mit seiner Auslegung beschäftigen, übersteigen die Hundertzahl. Der treffliche Kommentar zu dem Gesetz von Eger beschäftigt sich auf nicht weniger als 55 Seiten mit dem einen Begriff des Eisenbahnbetriebs! Schon bei der Berathung des Gesetzes war man sich der außerordentlichen Schwierigkeit dieses Begriffes bewußt, aber man wußte keinen besseren präciseren Begriff für das, was man wollte, zu finden und auch jetzt noch wird weder ein Jurist noch ein Eisenbahn-Fachmann einen besseren Ausdruck finden können. Und doch, welche Fluth von Processen! Der Grund dafür ist ein sehr einfacher: der Eisenbahn-Betrieb ist ein noch so jugendlicher, in beständiger Entwicklung begriffener und vor allem ein in alle anderen Sphären des menschlichen Lebens so tief und häufig eingreifender Organismus, daß seine Grenzen absolut nicht sicher abgesteckt werden können. Dieselben schwanken daher für jeden Betrachtenden je nach der Verschiedenheit des Standpunktes. Die Schwierigkeit für die juristische Auffassung des Begriffs wuchs erheblich durch die Nothwendigkeit einer haarscharfen Entscheidung — ob Betrieb oder nicht — und die außerordentliche Tragweite der durch die Entscheidung begründeten materiellen Interessen. Es ist gewiß vom menschlichen und wirthschaftlichen Standpunkt durchaus gleichgültig, ob ein Mensch dadurch verletzt wird, daß ihm eine gewöhnliche Droschke über den Leib fährt, oder dadurch, daß es ein Pferdebahn-Wagen ist; ob ein Arbeiter seine Hand dadurch einbüßt, daß beim Ausladen eines stillstehenden Güter-Wagens die Thür durch einen Dritten zugeschlagen und die Hand gequetscht wird, oder dadurch, daß das Zuschlagen der Thür durch das Daranstoßen eines bewegten Eisenbahn-Wagens erfolgt — und doch sind diese Fälle nach dem Gesetz in Bezug auf ihre Folgen himmelweit verschieden! Der von der Droschke Ueberfahrene kann sich selbstverständlich nicht auf das Haftpflicht-Gesetz berufen und gegen den vermuthlich zahlungsunfähigen Droschkenkutscher einen Entschädigungsanspruch nur durch den Nachweis eines Verschuldens desselben begründen. Der vom Pferdebahn-Wagen Ueberfahrene nimmt die große Aktien-Gesellschaft in Anspruch und dringt durch, wenn ihm nicht eine Schuld nachgewiesen wird. In diesem ersten Fall ist nun wenigstens nach dem Gesetz kein Zweifel. Wie aber in dem letzterwähnten Beispiele? Die Rechtsprechung des höchsten Gerichts hat bis jetzt consequent entschieden, daß die Manipulationen bei dem Be- und Entladen von stillstehenden Wagen an sich nicht zum Betriebe der Eisenbahnen gehörten, weil sie mit den eigenthümlichen Gefahren desselben nichts zu thun hätten! Die Entscheidung ist durchaus im Sinne des Gesetzes — aber wird es nicht immer eine für die breite Menge der Nation und für das menschliche Gefühl unverständliche Härte sein, daß in Fällen, die ihrer äußeren Erscheinung nach so ungemein nahe verwandt sind, doch nach dem zu einer haarspaltenden Rechtsprechung zwingenden Gesetz so ganz verschiedene Folgen eintreten? Wie schwer wird es dem menschlichen Gefühl des Richters gemacht, in einem solchen Falle dem Krüppel die Wohlthaten dieses Gesetzes abzusprechen? Was Wunder, daß die Rechtsprechung geschwankt hat und daß auch bei diesen Fragen oft lediglich Zufälligkeiten des einzelnen Falles über Sein oder Nichtsein entschieden haben.

Auch hier ist in den letzten Jahren allerdings eine gewisse Beruhigung des aufgeregten Meeres eingetreten, auf welchem die Schiffe der einzelnen Unfalls-Processe hin- und herschwankten. Die Rechtsprechung des Reichsgerichts ist immer mehr, dem „Zuge des Herzens" folgend, dahin gedrängt worden, den Begriff des „Betriebes" weiter und weiter zu ziehen. An direkten Widersprüchen hat es nicht gefehlt, aber jetzt steht einigermaßen fest, daß Eisenbahn-Betrieb überall auch dann schon angenommen wird, wenn es sich nur um unmittelbar vorbereitende Handlungen desselben handelt, und auch dann, wenn die Handlung an sich zwar mit den eigenthümlichen Gefahren des Eisenbahn-Betriebes nichts zu thun hat, aber der Unfall eingetreten ist in Folge der Eile, mit welcher in Rücksicht auf den Eisenbahnbetrieb die Handlung ausgeführt werden mußte. Damit ist denn freilich völlig die Schranke beseitigt, welche bisher die Eisenbahn-Unternehmer gegen die Anwendung des Haftpflicht-Gesetzes auf alle die vielen kleineren Unfälle schützte, welche bei den zahlreichen mit dem Eisenbahn-Betrieb zusammenhängenden Geschäften vorkommen, ohne mit den besonderen Eigenthümlichkeiten desselben Zusammenhang zu haben. Die Arbeiten bei der Reparatur der Eisenbahn-Fahrzeuge, bei dem Beladen und Entladen derselben, bei den optischen Signalen, bei der Anheizung der Lokomotiven gehören zweifellos im weiteren Sinne zum Eisenbahn-Betriebe, da derselbe ohne diese Arbeiten nicht geführt werden kann, aber die bei diesen Arbeiten vorhandenen Möglichkeiten von Verletzungen des Arbeiters sind ganz genau in eben demselben Grade vorhanden, wenn solche Arbeiten außerhalb des Eisenbahn-Betriebes vorkommen: die Reparatur eines stillstehenden Eisenbahn-Fahrzeugs bietet an sich keine größere Gefahr, als irgend eine andere Reparatur an größeren aus Holz und Eisen konstruirten Gegenständen. Das Heizen einer Lokomotive ist nicht gefährlicher als das irgend einer anderen Dampf-Maschine. Das Beladen von Eisenbahn-Wagen ist meist bequemer und daher weniger gefährlich als das von Frachtwagen. Daß diese Verrichtungen im Eisenbahn-Betriebe oft mit einer gewissen Eile ausgeführt werden müssen, ist richtig, kommt aber doch ebenso gut bei allen anderen Geschäften vor!

In diesem Drängen der Rechtsprechung nach einer möglichst weiten Ausdehnung des Begriffs des Eisenbahn-Betriebes offenbart sich eben in ganz charakteristischer Weise der sociale Zug des Gesetzes. Nach einer bekannten Rechtsregel sollen alle Gesetze, welche eine Ausnahme von allgemeinen Grundsätzen aussprechen, möglichst eng interpretirt werden, so daß in Zweifelsfällen nicht die Ausnahme, sondern die Regel zur Geltung kommt. Das Haftpflicht-Gesetz ist nun in dem die Eisenbahnen betreffenden § 1 ein ganz scharf ausgeprägtes Ausnahme-Gesetz, da es zu Ungunsten der Eisenbahnen den Satz beseitigt, daß ein Schadensersatz-Anspruch auf eine bösliche Handlungsweise oder auf ein Versehen des in Anspruch Genommenen gegründet werden muß. Trotz dieses Charakters interpretirt die Rechtsprechung das Gesetz in einer deutlich erkennbaren Steigerung immer mehr und mehr so zu Ungunsten der Eisenbahnen, daß die Sache schon jetzt nicht viel anders liegt, als wenn gesagt wäre: die Eisenbahnen haften für alle innerhalb ihres gesammten Geschäftsbetriebs vorkommenden Unfälle. Ein Mitglied des Reichsgerichts selbst, Bähr, hat es ausgesprochen („das Unfall-Versicherungsgesetz", Preußische Jahrbücher Bd. 49 Heft III. S. 240), daß man zu sehr ungerechten Entscheidungen kommen könne, wenn man unter dem „bei dem Betriebe" des § 1 nicht einen Unfall des Betriebes, sondern einen Unfall des beschädigten Menschen verstehe, und wenn man unter „höherer Gewalt" nur ein gewaltiges mit elementarer Kraft auftretendes Ereigniß sich denke.

Doch diese Warnung ist ungehört verhallt. Obgleich der von der

Rechtsprechung beliebten weitgehenden Ausdehnung der Haftpflicht der Ausdruck und der Geist des Gesetzes entgegen steht, welches eben nicht eine allgemeine Versicherung gegen Unfälle auf socialer Basis, wie der jetzt vorgelegte Gesetz-Entwurf, sondern die juristische Konstruktion einer Haftpflicht auf Grund eines präsumirten Verschuldens des Eisenbahn-Betriebes aussprach, hat sich doch der juristischen Schaale der sociale Kern des Gesetzes mit immer größerer Macht entwickelt; es ist hohe Zeit, daß die juristische Schaale abgeworfen und das Gesetz zu einem völlig socialen reformirt wird.

c) Unhaltbarkeit der Theorie des präsumirten Verschuldens.

4 Die Theorie, daß ein Verschulden des Betriebes als Grundlage der Schadensersatzpflicht nach § 1 des Gesetzes (Haftpflicht der Eisenbahnen) angenommen werde, ist zwar, wie natürlich, im Gesetz selbst nicht ausgesprochen, geht aber aus den Motiven desselben ebenso deutlich hervor, wie aus dem Umfange des Schadensersatzes, den das Gesetz bestimmt. Der § 1 des Gesetzes ist bekanntlich nachgebildet dem § 25 des Preußischen Gesetzes über die Eisenbahn-Unternehmungen vom 3. November 1838. Dort wird der Eisenbahn-Unternehmer zum Ersatz verpflichtet für allen Schaden, welcher bei der Beförderung auf der Bahn — es nicht gesagt: beim Betriebe der Bahn — entsteht; er soll sich von dieser Verpflichtung nur befreien können durch den Beweis, daß der Schaden entweder durch eigene Schuld des Beschädigten oder durch unabwendbaren äußeren Zufall bewirkt worden ist. Die gefährliche Natur der Unternehmung selbst sollte aber als ein solcher von dem Schadensersatz befreiender Zufall nicht zu betrachten sein, offenbar weil man damals annahm, es sei Sache des Unternehmers, Vorkehrungen gegen diese gefährliche Natur zu treffen, und, wenn nicht, die Folgen derselben als selbstverschuldete zu tragen.

Die Motive zum Reichshaftpflichtgesetz erkennen denn auch an, daß der Schwerpunkt dieser Bestimmung darin liege, daß im Schadensfalle ein Verschulden des Betriebes präsumirt werde, die Eisenbahn mithin als ersatzpflichtig gelte, wenn sie nicht den Beweis der eigenen Verschuldung des Beschädigten oder der höheren Gewalt zu führen vermöge.

Diese Auffassung stammt, wie wir gesehen haben, aus dem Jahre 1838, also aus einer Zeit, in welcher das Deutsche Eisenbahnwesen sich in den allerersten Anfängen der Entwicklung befand. Damals trat dasselbe mit seiner ungewohnten Geschwindigkeit, mit der bis dahin ungeahnten Kraft der bewegten Massen, mit seinem ganzen gewaltigen Apparat als etwas Dämonisches vor die Augen der erstaunten Welt. Noch wußte man kaum, ob dieser Dämon ein „guter oder ein schlimmer" sei. Allerdings erkannte die Preußische Regierung in weiser Voraussicht die wohlthätigen Wirkungen dieser Macht und ebnete gerade durch das erwähnte Eisenbahn-Gesetz der Ausbreitung des Eisenbahn-Netzes die Wege. Aber was war natürlicher, als daß man die gefährlichen Wirkungen dieses noch wenig gekannten Wesens sehr überschätzte und was war vernünftiger als daß man gegen diese Gefahren durch ein Ausnahme-Gesetz Kautelen traf, welche die Allgemeinheit wenigstens wirthschaftlich gegen diese Gefahren sicher stellen sollte?

Von da bis zum Erlaß des Reichshaftpflicht-Gesetzes waren 33 Jahre vergangen, in welchen das Eisenbahnwesen riesenhafte Fortschritte nach allen Richtungen hin gemacht hatte, ebenso sehr in seiner räumlichen Ausbreitung, in seinem breiten Einfluß auf das Wirthschaftsleben der Nation, als in seiner technischen Vervollkommnung.

Es wäre damals wohl der Mühe werth gewesen, in eine nähere Prüfung darüber einzutreten, ob es denn auch fernerhin nöthig wäre, gegen die mit der Beförderung auf der Eisenbahn verbundenen Gefahren ein Ausnahme-Gesetz bestehen bezw. neu erstehen zu lassen; oder ob nicht sich vielmehr gezeigt habe, daß der durch das Preußische Gesetz gegen die genannten Gefahren gewährte Schutz zwar an sich wohlthätig gewirkt habe, daß aber die logische Grundlage dieses Schutzes — Schadensersatz auf Grund präsumirten Verschuldens — falsch sei und daß denselben Schutz mit demselben Grunde der Billigkeit ein Jeder in Anspruch nehmen könne, der überhaupt durch die Unvollkommenheit menschlicher Einrichtungen verunglücke.

Eine solche Prüfung hat man bei den Vorarbeiten und Berathungen über das Reichshaftpflicht-Gesetz nicht für nöthig gehalten, man hat zwar in dem richtigen Gefühl, daß die Beschränkung der Haftpflicht auf die bei der Eisenbahnbeförderung entstehenden Schäden zu eng sei, das Anwendungsgebiet auf den gesammten Eisenbahn-Betrieb ausgedehnt; dann hat man aber den Charakter des Ausnahme-Gesetzes, den man hätte beseitigen sollen, noch wesentlich verschärft durch eine sehr harte Formulirung des Umfangs der Schadensersatzpflicht, durch welche diese den ganz specifischen Charakter einer Buße für ein nicht wirklich vorhandenes, sondern nur präsumirtes Verschulden erhalten hat. Die Haftpflicht wird mit andern Worten vom Gesetzgeber als eine sog. Quasideliktsobligation behandelt.

Hierin liegt unserer Ansicht nach der schwerste Fehler des Gesetzes.

Zunächst in juristischer Beziehung.

Die Präsumtion des Verschuldens würde nach bekannten Grundsätzen der Rechtswissenschaft nur dann erlaubt sein, wenn die Erfahrung gelehrt hat, daß in der That in den bei weitem meisten Fällen wirklich ein Verschulden vorliegt, dessen Beweisbarkeit nur im Einzelfalle schwierig und umständlich sein würde.

Die Motive des Reichsgesetzes scheinen dies in der That anzunehmen. Denn sie sprechen Folgendes aus:

> man wird nicht zu weit gehen, wenn man annimmt, daß bei dem dermaligen Stande der Technik und der großen Menge von Hülfsmitteln und Erfahrungen ernste Unfälle im Eisenbahnverkehr sich durch Sorgfalt in der Regel vermeiden lassen.

Hiernach nehmen die Motive an, daß ernste Unfälle im Eisenbahnbetriebe in der Regel durch Außerachtlassung der gewöhnlichen Sorgfalt entstehen.

Dieser Satz kann keinenfalls als richtig anerkannt werden. Wenn es sich bei dem Haftgesetz lediglich um diejenigen Ereignisse handelte, welche in der öffentlichen Meinung als ernste Eisenbahn-Unfälle gelten, d. h. um größere mit Verlust von Menschenleben verknüpfte Katastrophen, so würden dieselben immer in zwei Kategorien zu trennen sein, in solche, welche auf Verschulden beruhen, wie Zusammenstöße oder Entgleisungen in Folge falscher Weichenstellung oder Signalisirung — und in solche, welche trotz aller menschlichen Vorsicht und Sorgfalt unvermeidlich sind. Dahin gehören die meisten Entgleisungen auf freier Strecke in Folge von Radreifen-, Achs- und Schienenbrüchen. Trotz aller Fortschritte der Technik lassen sich unsichtbare und unverkennbare Fehler des Materials nicht vermeiden. Trotz aller Revisionen können vortreffliche technische Einrichtungen plötzlich versagen und zu beklagenswerthen Katastrophen führen, und es ist leider nicht richtig, daß sich dieselben bei gewöhnlicher Sorgfalt vermeiden lassen.

Ueberdies liegt der Schwerpunkt des Haftpflicht-Gesetzes keineswegs, wie die öffentliche Meinung irrig annimmt, in den glücklicherweise seltenen und hoffentlich relativ immer seltener werdenden schweren Unfällen, deren Ursachen häufig genug durchaus nicht aufgeklärt werden können und oft genug in der unverschuldeten Unvollkommenheit aller irdischen Einrichtungen und allen Menschenwerkes liegen, — die bei weitem größte Anzahl der Haftpflichtfälle bilden an sich unbedeutende und alltägliche Ereignisse des Betriebes, mit welchen leider nur zu häufig Verletzungen und auch Tödtungen des Eisenbahn-Personals verbunden sind. Die meisten dieser Fälle entstehen, wie wir oben ausführten, durch eigene Unvorsichtigkeit des Verletzten. Sonach sind die verschiedensten Ursachen der Eisenbahnunfälle denkbar: die einen entstehen durch eigenes Verschulden, wieder andere durch Verschulden anderer Eisenbahn-Bediensteter, noch andere durch das Verschulden dritter außerhalb des Eisenbahn-Dienstes stehenden Personen — wir erinnern an den traurigen Steglitzer Unfall — eine mindestens ebenso große durch unberechenbare und bei gewöhnlicher menschlicher Vorsicht unvermeidliche Zufälle. Dahin gehören auch außer den vorher aufgeführten Ursachen Unfälle durch Mißverständnisse, durch Fehltritte, durch Hinfallen, Einklemmen u. dgl.

Von allen diesen Unfallsarten ist es nur die eine Kategorie der durch Verschulden anderer Eisenbahn-Bediensteter herbeigeführten Verletzungen und Tödtungen, auf welche die Theorie von dem vermutheten Verschulden paßt. Man wird danach ungefähr das Richtige treffen, wenn man annimmt, daß höchstens bei dem vierten Theil aller jetzt nach § 1 des Gesetzes zu beurtheilenden Unfälle ein Verschulden zwar nicht des Eisenbahn-Unternehmers selbst, aber doch wenigstens der in seinem Dienste Stehenden nicht etwa in concreto nachgewiesen, sondern überhaupt nur mit einiger Zuverlässigkeit präsumirt werden kann.

Ein Verschulden des Eisenbahn-Unternehmers selbst ist als Ursache eines Eisenbahn-Unfalls kaum denkbar. Der Eisenbahn-Unternehmer ist, wie in Deutschland die Verhältnisse liegen, selten eine einzelne physische*), sondern fast stets eine juristische Person, sei es nun der Staat, oder sei es eine Aktien-Gesellschaft, eine Kreis- oder andere Korporation. Juristische Personen können bekanntlich als solche ein Versehen nicht begehen, bei dem Verschulden können also immer nur einzelne physische Personen in Frage kommen, d. h. also ins Praktische übersetzt einzelne Beamte oder Angestellte.

Nach der Theorie des gemeinen und Preußischen Rechts haftet nun weder der Staat noch irgend eine andere juristische Person ohne Weiteres für die Versehen ihrer Beamten oder Angestellten, sondern in der Regel nur dann, wenn das Versehen in Erfüllung eines Vertrags-Verhältnisses erfolgt, oder wenn culpa in eligendo vorliegt, d. h. also wenn bei der Auswahl der Persönlichkeiten ein offenbarer Fehler gemacht ist.

So gelangen wir zu dem Resultat, daß auch in der verhältnißmäßig kleinen Zahl von Fällen, in welchen wenigstens das Verschulden eines anderen Eisenbahn-Bediensteten als Ursache des Unfalls mit einigem Recht präsumirt werden kann, doch der Unternehmer selbst nicht nur persönlich schuldlos, sondern auch nach dem gewöhnlichen bürgerlichen Recht für die Folgen des Versehens keineswegs immer verantwortlich ist**). Hat man es doch für nothwendig gehalten, im § 2 des Haftpflicht-Gesetzes die Verantwortlichkeit der dort aufgeführten Betriebsunternehmer für die Versehen ihrer Angestellten besonders auszusprechen, weil diese Frage bis dahin zweifelhaft und kontrovers war.

Besonders schädlich wirkt die von uns bekämpfte Theorie von dem präsumirten Verschulden auch auf die Stellung des Eisenbahnwesens im öffentlichen Leben. Wo der Gesetzgeber den Stein wirft und der Eisenbahnverwaltung bei jedem Unfall den Reinigungsbeweis von dem Verdachte des Verschuldens auferlegt, was kann man da von der

*) Friedr. Krupp in Essen besitzt und betreibt ca. 30 Km. Eisenbahnen. Hierher gehörer auch die zahlreichen Besitzer von Anschluß-Geleisen mit eigenem Betrieb. Doch sind auf denselben Unfälle, die nicht eigener Unvorsichtigkeit der Verletzten entstammen, verhältnißmäßig selten.

**) Die Judikatur in dieser streitigen Frage hat vielfach geschwankt; cf. das Erkenntniß des Reichsgerichts in S. Greif contra Rhein.-E.-Ges., abgedruckt in der Zeitung des Vereins Deutscher Eisenbahn-Verwaltungen de 1883 No. 8 S. 91. Im Code Napoléon ist die Haftung des Unternehmers für die Schuld seiner Angestellten anerkannt.

grooßen unwissenden Menge erwarten? Kann man sich da wundern, daß fast nach jedem Unfall in einem Theil der öffentlichen Blätter sich ein wüstes Geschrei erhebt, als ob im Eisenbahnbeamtenthum Gewissenlosigkeit an der Tagesordnung sei? Kann man sich wundern, wenn selbst im Richterstand sich die gehässigsten Vorurtheile gegen alle Vorgänge des Eisenbahnwesens einbürgern? Wie jedes Gesetz das Kind seiner Zeit ist, so wirkt es auch seinerseits über die Zeit seiner Entstehung hinaus auf die Bildung des Zeitgeistes ein. Der § 1 des Haftpflicht-Gesetzes muß so dem Vorurtheil gegen das Eisenbahnwesen stets neue Nahrung geben. Jetzt, wo in Deutschland fast überall der Staat selbst der Eisenbahn-Unternehmer ist, dürfte es hohe Zeit sein, solchen Vorurtheilen den gesetzlichen Boden zu entziehen.

d) Der Schadensersatz nach dem Haftpflicht-Gesetz.

Wir haben soeben den Beweis geführt, daß die Präsumtion eines Verschuldens des Unternehmers, wie sie die Motive des Haftpflicht-Gesetzes zur Begründung der Schadensersatzpflicht zu Hülfe nehmen, juristisch durchaus nicht zu rechtfertigen ist.

Noch bedenklicher aber als die Thatsache selbst sind die Konsequenzen, welche aus dieser Theorie für den Umfang des Schadensersatzes gezogen werden, welcher im Falle einer haftpflichtigen Tödtung oder Verletzung zu leisten ist.

Dieser Umfang ist nämlich so bemessen, als ob wirklich ein Verschulden des Eisenbahn-Unternehmers stets die Beschädigung herbeigeführt hätte und es ist daher voller Ersatz des gesammten Schadens zu leisten, wie er sich nach freiem richterlichen Ermessen darstellt. Insbesondere soll bei Körper-Verletzung außer den Kurkosten der gesammte Vermögens-Nachtheil ersetzt werden, welchen der Verletzte durch eine in Folge der Verletzung eingetretene zeitweise oder dauernde Erwerbsunfähigkeit erleidet. Im Falle der Tödtung können außerdem Diejenigen, welchen der Getödtete Unterhalt zu gewähren gesetzlich verpflichtet war, soweit Ersatz fordern, als ihnen in Folge des Todesfalls der Unterhalt entzogen worden ist.

Diese Formulirung des Schadensersatzes erscheint auf den ersten Blick durchaus billig und gerecht und sie ist es auch ganz gewiß von dem Standpunkte aus, daß der Schadensersatz zu leisten ist, weil der Ersatzpflichtige in eigener physischer Person durch sein Verschulden die körperliche Verletzung oder gar den Tod eines Dritten herbeigeführt hat.

Sie führt aber zu den größten Härten und Ungereimtheiten, wenn, wie wir vorhin nachgewiesen haben, die Verletzung oder Tödtung in den bei weitem meisten Fällen durch einen unglücklichen Zufall, durch eine unvermeidliche Unvollkommenheit menschlicher Einrichtungen, durch dritte Personen, jedenfalls aber niemals durch die eigene Schuld des Ersatzpflichtigen herbeigeführt ist.

Thatsächlich ist durch diese Bestimmung des Gesetzes bereits ein socialer Krebsschaden entstanden, der immer weiter um sich greift und bereits einen nicht unbedenklichen Charakter angenommen hat, wie wir bei 9 des Weiteren ausführen werden. Die Gefahr liegt, wie wir von vorn herein bemerken wollen, keineswegs in der durch das Gesetz herbeigeführten finanziellen Belastung der Eisenbahn-Unternehmer, sondern sie liegt in dem verführerischen Reiz, den die Wohlthaten dieses Gesetzes naturgemäß auf die Angehörigen der arbeitenden Klassen ausüben müssen, so daß dieselben es für ein Glück halten, in eine Lage zu kommen, welche ihnen die Anrufung dieses Gesetzes ermöglicht!

Wie nämlich die wirthschaftlichen Verhältnisse der arbeitenden Klassen z. Zeit sind und auch voraussichtlich im Wesentlichen bleiben werden, gelangt Derjenige, welchem auf Grund des Haftpflicht-Gesetzes voller Schadensersatz für eine seine Erwerbsfähigkeit beeinträchtigende Körper-Verletzung zu Theil wird, in der Regel dadurch in eine wirthschaftliche Lage, die glänzend ist im Vergleich zu derjenigen, in welcher er ohne den Eintritt des haftpflichtigen Ereignisses verblieben wäre.

Wir haben schon früher die Thatsache erwähnt, daß die bei weitem größte Anzahl derer, welche die Wohlthaten des Haftpflicht-Gesetzes in Anspruch nehmen, den arbeitenden Klassen im weiteren Sinne angehört. Die Verletzung von Reisenden oder Dritten, welche zufällig mit dem Eisenbahn-Betriebe in Berührung kommen, ist glücklicherweise verhältnißmäßig so selten, daß sie für die sociale Bedeutung des Haftpflicht-

Gesetzes kaum in Betracht kommt; ja, es ist sogar sehr wohl denkbar, daß man solche Fälle gesetzgeberisch ganz selbständig behandelt, wie wir dies später — 11 und 13 dieser Schrift — versuchen werden. Mindestens 90 % aller haftpflichtigen Fälle betreffen Bedienstete der Eisenbahnen selbst, welche, wenn sie auch zum Theil zur Kategorie der angestellten Beamten gehören, dennoch in socialer Beziehung fast ausnahmslos zu den arbeitenden Klassen zu rechnen sind, weil sie auf körperliche Arbeit als ihre wesentliche, fast immer einzige Erwerbs-Quelle angewiesen sind.

Vergegenwärtigen wir uns nun die durchschnittliche wirthschaftliche Lage aller dieser Personen. Ihr Verdienst erreicht regelmäßig seine Höhe im mittleren Mannesalter, in welchem die körperliche Leistungsfähigkeit am größten ist. Ein Aufsteigen in höhere Gehaltsklassen findet nur bei den angestellten Beamten statt und ist auch hier so unbedeutend, daß der Maximalsatz den Minimalsatz nur um ca. 20 % übersteigt, während die sog. Nebenemolumente sich lediglich nach dem Umfang der Leistungen richten. Eine Steigerung der Lohnsätze nach Altersklassen ist verhältnißmäßig selten, jedenfalls nimmt aber bei den eigentlichen Arbeitern mit der Arbeitsfähigkeit in den höheren Lebensjahren auch der Arbeitsverdienst rasch ab. Eine Beförderung in höhere und bessere Stellen ist bei der großen Masse der arbeitenden Klassen überhaupt ausgeschlossen. Gelingt es dem Einzelnen einmal, sich über das Gros seiner Lebenssphäre hinauszuschwingen, so ist dies eben ein außergewöhnlicher Glücksfall.

Unter normalen Verhältnissen wird also der Arbeiter im besten Falle erwarten können, daß er seinen in mittlerem Lebensalter erreichten Arbeits-Verdienst behält, so lange als seine Kräfte reichen, d. h. also in der Regel bis in den Anfang, selten bis in die Mitte der 60er Jahre hinein. Und was dann? Für die bei Weitem größte Mehrzahl der Arbeiter bestehen noch keine Pensionskassen. Diese Mehrzahl hat also mit dem Aufhören der Arbeitsfähigkeit das Aufhören jeden normalen Verdienstes zu erwarten, der Betroffene ist auf Unterstützungen seitens seines früheren Arbeitgebers, seiner Angehörigen, seiner Gemeinde angewiesen; denn daß er keine irgend nennenswerthen Ersparnisse hat machen können, lehrt eine traurige eiserne Erfahrung. Fürwahr ein klägliches Loos! Wie aber, wenn der Arbeiter wirklich einer Pensionskasse angehörte? Nun, dann erhält er eben eine Pension, die im Durchschnitt höchstens die Hälfte des gewöhnlichen Arbeitsverdienstes erreicht, fast bei allen Arbeiter-Pensionskassen aber noch weit hinter diesem Satz zurückbleibt.

Etwas günstiger gestaltet sich das Loos des angestellten Beamten. Sein Gehalt steigt ziemlich regelmäßig bis zum Aufhören der Arbeitsfähigkeit ohne Rücksicht auf die Qualität der Leistungen; mit dem Aufhören tritt eine Pension ein, deren höchster Satz $^3/_4$ seines Gehalts selten übersteigt*). Alle Neben-Verdienste aber für bestimmte Dienstleistungen — die gerade bei den niederen Eisenbahn-Bediensteten eine sehr große Rolle spielen und oft die Hälfte des Gehalts erreichen — fallen fort.

Bisher haben wir nur die gewöhnlichen Fälle des günstigen Verlaufs einer Arbeiter- oder niederen Beamten-Laufbahn geschildert. In wie hohem Grade ist dieselbe aber durch Gefahren und ungünstige Schicksalswendungen aller Art bedroht! Zunächst und vor Allem ist eine Sicherheit für die Dauer des Arbeitsverhältnisses selbst nicht vorhanden. Entlassungen, sei es in Folge einer Verringerung der Arbeiterzahl, sei es in Folge dienstlicher Vergehen, mangelhafter Führung oder Qualifikation, können jederzeit eintreten; es bedarf nur der Kündigung ohne Angabe von Gründen, die sich selbst der niedere Beamte unweigerlich gefallen lassen muß. Tritt auch nicht das Aeußerste, die Entlassung, ein, so gehören doch Lohnherabsetzungen oder anderweitige unerwünschte Veränderungen in der Lage, zeitweise Arbeitslosigkeit oder geschmälerter Verdienst nicht zu den Seltenheiten. In allen diesen Richtungen ist der Arbeiter und in etwas geringerem Grade der Beamte jedenfalls lediglich von der Willkür des Arbeitgebers abhängig.

Die schwerste Sorge und Gefahr bietet aber frühzeitige Krankheit oder Verunglückung — außerhalb der unter das Haftpflichtgesetz gehörenden Fälle — und die damit verbundene Arbeitsunfähigkeit. Die vorhin geschilderten kläglichen Verhältnisse treten dann nicht nur für den Abend des Lebens ein, sondern belasten oft in noch härterer Gestalt das Leben während der besten Jahre. Eine obligatorische Kranken-Versicherung tritt erst jetzt ins Leben, und auch durch sie wird nur für

*) Die in der Braunschweigischen Eisenbahn-Verwaltung angestellten ehemaligen Braunschweigischen Staatsbeamten erhalten nach vollendeter 50 jähriger Dienstzeit ihr volles Gehalt als Pension.

die ersten 13 Wochen der Krankheit gesorgt. Wie aber, wenn diese länger dauert? Im günstigsten Fall gewährt die bei kurzer Dienstzeit meist höchst kümmerliche Pension eine dürftige Existenz, während der Arbeiter in den mittleren Lebensjahren fast stets für eine oft sehr zahlreiche Familie zu sorgen hat, deren Mitglieder meist im Kindesalter befindlich und daher außer Stande sind, für sich, geschweige denn für ihren erwerbslosen Vater zu sorgen. Tritt ein frühzeitiger Tod ein, so bleibt die Familie ohne ihren Ernährer zurück, und jeder kennt aus eigener Erfahrung das Elend der Wittwen und Waisen!

So sehen wir das Leben des Arbeiters nach allen Richtungen hin von wirthschaftlichen Sorgen und Gefahren bedroht!

Wie aber, wenn derselbe Arbeiter, dessen Zukunftsaussichten wir soeben in großen gewiß nicht zu dunkel gefärbten Zügen geschildert haben, beim Eisenbahnbetriebe verletzt wird — von dem Falle der Tödtung sehen wir einstweilen ab — und der Eisenbahn-Unternehmer ihm nach dem Haftpflicht-Gesetze Schadensersatz leisten muß? Alsdann ist der Verletzte in wirthschaftlicher Beziehung für seine Lebensdauer in einer Weise gesichert, wie er dies ohne die Verletzung niemals hätte erreichen können! Allerdings die körperlichen Leiden und Schmerzen, das individuelle Unglück, welches in der Schädigung der Gesundheit liegt, kann ihm nicht erspart werden; aber seine wirthschaftliche Existenz gestaltet sich zu einer völlig sorgenfreien. Der Eisenbahn-Unternehmer — dessen Solvenz für solche Ausgaben in Deutschland noch nicht in Frage gekommen ist — muß ihm außer den sämmtlichen Kosten der Pflege und Heilung den gesammten durch die verminderte oder aufgehobene Erwerbsthätigkeit entstandenen Vermögensnachtheil ersetzen. Die entscheidende Frage ist nun, nach welchen Grundsätzen dieser Vermögensnachtheil zu berechnen und in Geld umzusetzen ist! Es liegt auf der Hand, daß hierbei alle diejenigen vorhin ausführlich geschilderten Möglichkeiten einer Verschlechterung der Lage des Verletzten gegenüber derjenigen zur Zeit der Verletzung gänzlich außer Betracht bleiben müssen, weil kein Mensch mit Sicherheit den Eintritt einer solchen Verschlechterung vorhersagen und im Voraus beweisen kann! Ein bekannter juristischer Grundsatz sagt, daß Veränderungen nicht vermuthet werden. Der Richter kann daher den Vermögensnachtheil nur so bemessen, daß er die Lage des Verletzten zur

Zeit der Verletzung als Maaßstab nimmt. Verbesserungen derselben, welche nach dem gewöhnlichen Lauf der Dinge ohne die Verletzung mit Sicherheit eingetreten wären, z. B. Gehaltszulagen, Alterszulagen, darf er, wenn ihm dieser Nachweis geführt wird, wohl berücksichtigen, niemals aber Verschlechterungen, weil für deren Eintritt naturgemäß im Voraus ein positiver Beweis nicht geführt werden kann. So erhält denn der Verletzte regelmässig denjenigen Arbeitsverdienst, welchen er zur Zeit der Verletzung hatte, für seine Lebensdauer garantirt! Es wird zwar in dem richterlichen Erkenntniß die Zahlung der Rente auf Lebensdauer in der Regel nicht ausgesprochen, sondern nur der Betrag der jährlichen Rente fixirt; thatsächlich gestaltet sich aber die Zahlung stets zu einer lebenslänglichen. Denn, um die Rente zu mindern oder zu beseitigen, muß der Unternehmer im Proceßwege entweder den Beweis der wieder eingetretenen Arbeitsfähigkeit führen, oder er muß beweisen, daß auch ohne die eingetretene Verletzung die Arbeitsfähigkeit des Verletzten mit einem bestimmten Zeitpunkt vermindert worden wäre oder aufgehört hätte. Zwei sogenannte probationes diabolicae, welche in Wirklichkeit wohl noch niemals gelungen sind, und auch nicht gelingen können! Für unsere Aufgabe ist ohnehin nur die zweite Möglichkeit von wesentlichem Interesse. Denn der Fall einer wieder eintretenden Arbeitsfähigkeit bei einem Verletzten, welcher die völlige dauernde Arbeitsunfähigkeit bereits nachgewiesen hat, ist in der That sehr selten und es ist daher ohne praktische Bedeutung, daß der genannte Beweis noch nicht geglückt ist Ganz anders liegt aber der zweite Fall: nach einer ganz allgemeinen, statistisch sehr leicht zu beweisenden Erfahrung dauert die Arbeitsfähigkeit der hier in Betracht kommenden Berufsklassen in der Regel nicht über die ersten 60er Jahre hinaus, selten bis in die Mitte. Eine sehr große Zahl der niederen Arbeiter und Beamten des Eisenbahn-Dienstes werden aber schon im Laufe der fünfziger Lebensjahre erwerbsunfähig, wie die Invaliditäts-Statistik lehrt. Alle diese Männer erhalten nun aber, wenn sie in Folge einer Verletzung nach dem Haftpflichtgesetz erwerbsunfähig werden, ihren vollen bisherigen Arbeitsverdienst auf ihre volle Lebensdauer, weil sich die obige Thatsache der mit einem gewissen Lebensalter eintretenden Invalidität wohl für den Durchschnitt einer großen Anzahl von Individuen durch die Wahrscheinlichkeitsziffer, niemals aber im konkreten Fall für das einzelne Individuum mit Bestimmtheit nachweisen läßt; denn kein Arzt wird mit einer positiven Sicherheit den Zeitpunkt angeben können, mit welchem ein Mensch, der in Folge körperlicher Verletzung arbeitsunfähig wird, ohne den Eintritt dieses Ereignisses arbeitsunfähig geworden wäre! Gewiß ist eine große Wahrscheinlichkeit vorhanden, daß beispielsweise ein Lokomotivheizer, der in Folge Arm-Verletzung mit 40 Jahren arbeitsunfähig wird, auch ohne diese Verletzung nicht über das 60. Lebensjahr hinaus arbeitsfähig geblieben sein würde! Wer aber kann diesen Beweis führen, da selbst bei Lokomotivbeamten seltene Fälle einer bis in die 70er Jahre hinein dauernden Arbeitsfähigkeit vorkommen? So kommt es, daß alle Verletzten ihre Haftpflicht-Renten und damit ihren vollen früheren Arbeitsverdienst thatsächlich auf Lebenszeit erhalten, während sie ohne diese Verletzung nach menschlicher Berechnung mit Erreichung eines gewissen Lebensalters jedenfalls ihren Verdienst völlig eingebüßt hätten, oder doch auf den Genuß einer kärglichen Pension angewiesen gewesen wären. Und dabei sind die so Bedachten allen den vorhin angedeuteten vielfachen Sorgen um die Existenz völlig entrückt. Weder eine wirthschaftliche Krisis, noch eigenes Verschulden, weder Krankheit noch anderes Unglück kann sie um die Rente bringen. Während ihre früheren Arbeitsgenossen im Schweiße ihres Angesichts ihr Brod sauer verdienen, während sie in täglich erneuter Anstrengung den harten Kampf um das Leben kämpfen müssen, während in diesem Kampfe viele unverschuldet, manche durch eigene Schuld zu Grunde gehen oder doch in ihren Verhältnissen zurückkommen, hat der nach dem Haftgesetz Abgefundene keine andere Sorge, als die, seinen Leib — und zwar wohl gemerkt, auf besondere Kosten des Eisenbahn-Unternehmers — zu pflegen, seine Rente zu erheben und mit guter Art dem Müssigang zu fröhnen. Nur allenfalls noch eine Sorge mag ihm nahe treten, und das ist vielleicht in moralischer und socialer Beziehung der dunkelste Punkt dieses Zustandes — nämlich: die Sorge, sein körperliches Befinden möchte sich bessern, seine Arbeitsfähigkeit so weit zurückkehren, daß der Arbeitgeber die Aufhebung der Rente beantragen kann, der Verletzte wieder das harte Arbeitsleben aufnehmen muß. Da er, wie wir vorhin gesehen haben, durch die Wiederaufnahme der Thätigkeit durchaus nicht oder doch höchst selten zu einem höheren Verdienste gelangen kann, als seine Rente beträgt, da diese Rente sicher und lebenslänglich, jener Verdienst aber schwankend und unsicher ist, so ist hier der höchst unnatürliche Zustand geschaffen, daß der Verletzte als das höchste Glück in wirthschaftlicher Beziehung für sich und seine Angehörigen nicht eben seine Genesung und Wiederherstellung, sondern im Gegentheil die wirkliche, oder was noch schlimmer ist, die scheinbare Zeitdauer seines leidenden erwerbsunfähigen Zustandes wünschen muß! So hat das Haftpflichtgesetz für die arbeitenden Klassen eine wirthschaftliche Prämie auf die Verletzung geschaffen in allen den Fällen wenigstens, in welchen durch die Verletzung nur die Arbeitsfähigkeit, nicht die Existenz vernichtet ist.

Dieser Mißstand wird noch wesentlich verschärft dadurch, daß der Nichtarbeitende in der That einen viel geringeren Bedarf an Lebensmitteln und anderen wirthschaftlichen Verbrauchsgegenständen hat, als der Arbeitende, so daß die dem früheren Arbeits-Verdienst gleichkommende Rente für den Nichtarbeitenden schon an sich eine viel reichlichere Lebenshaltung gestattet. Der Arbeitende muß naturgemäß kräftiger und mehr essen und trinken, als der Feiernde; er verbraucht mehr Kleider, mehr Schuhwerk, mehr Wäsche; er bedarf nach gethaner Arbeit der Erholung, Stärkung und Zerstreuung, die wiederum mit Geldausgaben verknüpft ist. Diese Gesichtspunkte mögen für die Kosten des Lebensunterhalts der besser situirten Klassen der menschlichen Gesellschaft ohne erhebliche Bedeutung sein; im Arbeiter-Stande ist es aber von großer Wichtigkeit, ob zur Aufrechterhaltung der Lebenskraft ein Mehrbedarf der nothwendigsten Lebensbedürfnisse erforderlich ist. Vor Allem kommt hier aber auch in Betracht, daß der in steter angestrengter Arbeit sich Aufreibende seine Lebenskraft viel rascher verbraucht, als der Müssige. Man darf dem nicht die gewöhnliche Erfahrung entgegenhalten, daß der Träge wieder vielen anderen seine Lebenskraft bedrohenden Versuchungen ausgesetzt ist! Vor diesen kann sich der durch körperliche Verletzung zum Müssiggang Verurtheilte sehr leicht bewahren, wenn er nur will! Auch ist dieser Müssiggang ja meistens nur ein relativer! Nur in seltenen beklagenswerthen Fällen wird die Fähigkeit, sich zu beschäftigen, absolut und nach allen Richtungen hin aufgehoben, weit häufiger bleibt die Möglichkeit zu den verschiedensten Arten von mehr oder weniger nützlichen Beschäftigungen übrig, so daß der Verletzte es vollkommen in seiner Hand hat, Thätigkeit so weit zu üben, als dies zur Erhaltung seiner Lebenskraft nöthig und wünschenswerth ist. Aber durch die Lebens-Rente ist er jeder Nothwendigkeit überhoben, für des Leibes Nahrung und Nothdurft zu arbeiten, seine ganze Kraft der Arbeit zu opfern! Wer, der die Thätigkeit unserer Fabrik-Bevölkerung und unserer niederen Eisenbahn-Bediensteten kennt, möchte bezweifeln, daß sie alle im großen Durchschnitt mit der äußersten Anspannung der Kräfte arbeiten müssen und dadurch ihre Lebenskraft rascher aufzehren, als diejenigen, denen schwere und vor Allem lang dauernde Arbeit erspart wird?

Allen diesen schwer wiegenden Momenten trägt das Haftpflicht-Gesetz nicht die geringste Rechnung.

Es liegt nun nahe, diesen Ausführungen gegenüber auf das Unglück hinzuweisen, welches bei einer die Arbeitsfähigkeit beseitigenden oder beeinträchtigenden körperlichen Verletzung an sich und auch abgesehen von ihren wirthschaftlichen Folgen über den Verletzten hereinbricht. Allerdings können ja die ausgestandenen Schmerzen, das traurige Gefühl der Krüppelhaftigkeit, die Schädigung des Gesundheitszustandes, der Verlust der Glieder oder der Sinne nicht ersetzt und nicht in Gelde abgeschätzt werden. Es muß anerkannt werden, daß in vielen Fällen und namentlich in denen, welche Aufsehen erregen und dem Publikum bekannt werden, so schwere Verletzungen, Verstümmelungen und Gesundheitsschädigungen vorkommen, daß die Zukunft des Betroffenen eine traurige bleibt trotz der großen Beruhigung, welche ihm die Sicherheit seiner wirthschaftlichen Lage verschafft. Handelte es sich stets oder meist nur um solche Fälle, so würden wir die durch das Gesetz hervorgerufene sociale Gefahr für gering halten, denn der Zustand schweren körperlichen Leidens oder Verstümmeltseins bleibt beklagenswerth und wir mögen im Mitgefühl mit dem Betroffenen ihm gerne wenigstens die Beruhigung gönnen, daß er vor der Noth des Darbens geschützt ist.

Aber eine sehr erhebliche Zahl der Fälle liegt keineswegs so traurig! Die meisten der vorkommenden Verletzungen, auf Grund deren das Haftgesetz angerufen wird, sind derartig, daß sie wohl augenblicklich Schmerzen verursachen und bis zur Vollendung des eigentlichen Heilungs-Processes ein Krankenlager erfordern; aber nicht nur das subjektive Wohlbefinden kehrt doch nach längerer oder kürzerer Zeit wieder, sondern auch das Allgemeinbefinden wird wieder normal. So ist es bei fast allen Verletzungen der äußeren Gliedmaaßen, bei den meisten Quetschungen und Brüchen. Sind innere Organe verletzt, so pflegt auch hier in den nicht tödtlich verlaufenden Fällen meist — freilich nicht immer — nach kürzerer oder längerer Zeit ein Aufhören des eigentlichen Krankheitsprocesses einzutreten. Aber es bleibt irgend eine Schwächung der äußeren oder inneren Organe zurück, welche die Arbeitsfähigkeit beeinträchtigt. Es sind hier die zahllosesten Kombinationen denkbar: bald sind die Kräfte zur Ausübung der meist schweren körperlichen Arbeit wirklich nicht vorhanden, bald kann dieselbe nicht dauernd verrichtet werden, bald ist die zur Arbeit erforderliche specielle Geschicklichkeit beeinträchtigt, oder es ist bei Wiederaufnahme der Arbeit nach Angabe des Arztes das Wiederauftreten früherer Leiden zu befürchten. Ein in der Praxis sehr häufiger Fall ist z. B. der Bruch oder die anderweite Verletzung eines Armes oder einer Hand. Die Heilung des eigentlich traumatischen Processes erfolgt meist rasch, aber eine eigenthümliche Erfahrung lehrt, daß in solchen Fällen, in denen Haftpflicht Anwendung findet, eine Wiederherstellung der Arbeitsfähigkeit selten eintritt. Es bleibt nach dem ärztlichen Gutachten eine Schwäche der Muskeln, der Knochen oder der Gelenke zurück, die dem Verletzten, obwohl er sich sonst der vollkommensten, vielleicht blühendsten Gesundheit erfreut, die Ausübung seiner früheren Thätigkeit unmöglich macht. Bei inneren Verletzungen ist nach erfolgter Heilung eine zurückbleibende innere Vernarbung häufig die Ursache, daß anstrengende Arbeiten nicht verrichtet werden können ohne Athemnoth oder Blutandrang und dergleichen zu erzeugen.

In wieder andern Fällen ist eine Verminderung der Sehkraft oder des Hörvermögens schließliche Folge der Verletzung. Das Allgemeinbefinden ist vortrefflich, die Sehkraft genügt völlig zum subjektiven Lebensgenuß, also zu freier Umherbewegung, selbst zu Lesen und Schreiben; nur anhaltende schwere Arbeit in freier Luft, oder beispielsweise das Stehen auf der Lokomotive während der Fahrt, der durch den Wind hervorgebrachte Staub erzeugt sogleich Entzündungserscheinungen des verletzten Auges, welche den Arzt zwingen, die dauernde Arbeitsunfähigkeit des Verletzten in seinem bisherigen Berufe auszusprechen. Oft bedingt auch die Schwächung der Sehkraft die Arbeitsunfähigkeit, weil für die meisten Thätigkeiten des Eisenbahnbetriebes eine völlig intakte Sehkraft aus Gründen der Sicherheit gefordert werden muß. Ganz ähnlich steht es mit den verschiedenen Graden der Schwerhörigkeit. Sehr häufig ist eine geringe Hinderung der Marschirfähigkeit, oder ein nur unerhebliches Lahmen der Grund, aus welchem die Erwerbsfähigkeit verneint werden muß.

In allen diesen Fällen wird zugegeben werden müssen, daß von einem eigentlich bemitleidenswerthen Zustande des Verletzten überall dann nicht die Rede sein kann, wenn für die materielle Existenz desselben und seiner Angehörigen besser gesorgt ist, als dies ohne die Verletzung der Fall sein würde. Und daß das bei den haftpflichtigen Verletzungen so ist, glauben wir vorhin nachgewiesen zu haben.

Zum Beweise unserer Behauptung, daß die Mehrzahl der haftpflichtigen Verletzungen zu den Kategorien der von uns geschilderten geringeren Art gehört, verweisen wir auf die am Schlusse der Schrift beigefügte Zusammenstellung, in welcher alle zur Zeit von der Braunschweigischen Eisenbahn-Verwaltung auf Grund des § 1 des Haftpflichtgesetzes mit einer Jahresrente bedachten Verletzten mit Angabe des Jahres und des Umfangs der Verletzung aufgeführt sind. Aus dieser Zusammenstellung ergiebt sich, daß von 47 Verletzungen nur 19 der schwereren, dagegen 28 der leichteren Gattung angehören.

e) Die geminderte Erwerbsfähigkeit, namentlich nach der Praxis der Aerzte.

6

Es könnte gegen unsere Ausführungen mit scheinbarem Recht eingewandt werden, daß in den von uns geschilderten leichteren Fällen überhaupt eine vollständige Erwerbsunfähigkeit nicht vorliege, sondern nur eine geminderte Fähigkeit, und daß daher der Verletzte nicht seinen vollen bisherigen Arbeitsverdienst zu beanspruchen habe, sondern nur die Differenz zwischen dem bisherigen Verdienst und demjenigen, welchen er mit der durch die Verletzung geminderten Arbeitsfähigkeit noch erwerben kann. Allerdings, so will es das Gesetz und der Satz nimmt sich in der Theorie sehr gut aus; aber in der Praxis läßt sich wenig mit ihm anfangen. Zunächst aus einem allgemeinen in den wirthschaftlichen Verhältnissen liegenden Grunde: wir leiden in Deutschland überall an einem Ueberfluß der Arbeitskräfte, alle Geschäftszweige sind überfüllt, das Angebot der Arbeitsuchenden ist fast überall größer als die Nachfrage. Nur besondere Geschicklichkeit oder Ausbildung in einer speciellen Thätigkeit sichert die Stellung. Gesunde und kräftige Leute sind überall leicht zu haben. Wie schwer ist es da, für denjenigen anzukommen, und einen auch nur einigermaßen erträglichen Lohn zu finden, dessen Arbeitsfähigkeit nach dieser oder jener Richtung hin beschränkt ist; für den, der vielleicht gerade die Arbeit, der er bisher oblag, in der er sich Geschicklichkeit erworben, in Folge der erlittenen Verletzung nicht mehr verrichten kann! Erschwerend kommt noch in Betracht, daß fast überall die Arbeitsplätze mit Halbinvaliden ohnehin überfüllt sind, weil es bisher an einer genügenden Invalidenversorgung fehlte und die Schwachen mit halber Kraft Arbeitenden aus Gnade und Barmherzigkeit weiter beschäftigt werden! Gerade bei den Eisenbahnen ist die Schwierigkeit, einem Halbinvaliden Arbeit zu verschaffen, besonders groß, weil die Sicherheit des Betriebes und die Natur der Beschäftigung fast ausschließlich kräftige und gesunde Naturen verlangt. Die wenigen Stellen, in denen auch Schwache beschäftigt werden, sind meist schon besetzt mit Solchen, denen das Haftpflichtgesetz nicht zur Seite steht, denen aber aus Gründen der Menschlichkeit eine Versorgung nicht versagt werden kann. Jeder Arbeitgeber nimmt einen Mann mit geminderter Arbeitsfähigkeit von vornherein nur sehr ungern und nur aus zwingenden Gründen auf. Meist werden Arbeiter nur bei nachgewiesener völliger Gesundheit angenommen. Erfahrungsmäßig entsprechen die Leistungen Halbinvalider in der Regel nicht einmal dem geringen Lohn, den sie erhalten. Leicht fallen sie dem Arbeitgeber alsbald zur Last.

Der Kreis, in welchem sonach Halbinvalide der geschilderten Art beschäftigt werden können und in Wirklichkeit Arbeit finden, ist schon an sich sehr eng; er verengt sich aber noch mehr, je geringer die Kenntnisse, die Fähigkeiten und die Willensenergie des Verletzten sind. Während beispielsweise ein mit guter Schulbildung versehener Beamter bei einer Verletzung der Arme, der Hände, der Beine, des Seh- oder Hörvermögens, welche ihn zum sogen. äußern Betriebsdienst unfähig macht, sehr häufig noch mit großem Vortheil im Büreaudienst Verwendung finden kann, ist eine solche bei allen niederen Bediensteten geradezu ausgeschlossen. Gehen wir einen Schritt weiter nach unten! Ein Schaffner wird, wenn er ein geschickter und williger Mensch ist, auch wenn ihn eine Verletzung des Fußes etwa zum Besteigen der Bremse, zum Hin- und Herklettern zwischen den Wagen und also zum Schaffnerberuf unfähig macht, immer noch als Telegraphist, als Magazinaufseher u. dgl. verwendet werden können, ein gewöhnlicher Bremser, welchem die zu solchem Beruf nöthige Schulbildung fehlt, aber nicht. Lokomotivbeamte, die das Schlosser- oder Schmiedehandwerk tüchtig erlernt haben — wie dies eigentlich stets der Fall sein sollte — können durch eine Verletzung zu dem beschwerlichen Dienst auf der Lokomotive unfähig werden und doch sehr wohl fähig bleiben als Schlosser und Schmiede in der Werkstatt zu arbeiten; ein gewöhnlicher Heizarbeiter, der kein Handwerk gelernt hat, verliert aber, wenn er nicht mehr auf der Lokomotive zu verwenden ist, in der Regel jede anderweite Erwerbsfähigkeit.

Schon aus diesen wenigen Beispielen wird erhellen, eine wie große Rolle bei der Verwendbarkeit zu einer andern Thätigkeit die Individualität des Verletzten und insbesondere auch sein guter Wille spielt. Beides sind Dinge, deren Beurtheilung für den Arzt wie für den Richter stets sehr schwierig, meist aber geradezu unmöglich ist.

Nun sieht sich aber der Eisenbahnunternehmer, wenn er bei einem Verletzten eine nur geminderte Erwerbsfähigkeit beweisen will, unbedingt auf das ärztliche Gutachten angewiesen. Der Verletzte wird stets die volle Arbeitsunfähigkeit behaupten und sich zu deren Nachweis auf das Gutachten des behandelnden Arztes beziehen, welches in der Regel ausführt, daß der Verletzte zur Verrichtung seiner bisherigen Thätigkeit nicht mehr im Stande ist. Zur Einfügung einer Einschränkung bezüglich der Verrichtung anderer sogen. leichterer Arbeiten hat der Arzt keine Veranlassung, da er naturgemäß das Interesse seines Patienten vertritt. Der von der Eisenbahn etwa zu nennende Gegengutachter ist meist nicht der behandelnde Arzt, denn vielfach lassen sich Verletzte möglichst nicht vom Eisenbahnarzt, sondern von einem andern behandeln, die Eisenbahn muß ihnen die Kurkosten ja doch bezahlen. Der Arzt, welcher sein Gutachten dem behandelnden Arzte gegenüber abzugeben hat, kennt also den Verletzten nicht aus dem ganzen Verlaufe der Behandlung, sondern nur auf Grund einzelner speziell zu einem dem Interesse des Behandelten zuwiderlaufendenden Zwecke angestellter Untersuchungen. Die Richtigkeit seines Urtheils wird dadurch schon an sich erschwert, das Gewicht derselben beeinträchtigt.

Diese vorgetragenen Umstände erschweren die Lage des Eisenbahn-Unternehmers, der eine nur geminderte Erwerbsfähigkeit beweisen oder das Vorhandensein der Erwerbsunfähigkeit überhaupt bestreiten will, schon an und für sich.

Das Schlimmste aber bleibt die Stellung, die die Aerzte allgemein solchen Fragen gegenüber einnehmen, wohl vom jetzigen Standpunkt der ärztlichen Wissenschaft aus einnehmen müssen. Wir können dieselbe nur bezeichnen als die einer fast völligen Unsicherheit in der Beurtheilung solcher pathologischer Vorgänge, bei denen nicht objektive Krankheitserscheinungen allein, sondern auch die Subjektivität des Patienten in Betracht kommt. Wir erinnern in dieser Beziehung an die fast völlige Rathlosigkeit der ärztlichen Wissenschaft gegenüber den mit dem Kollektiv-Namen Hysterie bezeichneten Frauenleiden. Man nimmt an, daß die eigentliche Basis dieser Erscheinungen ein krankhafter Einfluß auf die Willenskraft ist, vermöge dessen diese ihre gesunde vernünftige Richtung verliert.

Wenn nun auch Verletzte mit Haftpflicht-Ansprüchen zur Seite mit hysterischen Frauen nicht auf eine Stufe zu stellen sind, so ist doch eine überraschende Analogie des Verhaltens dem Arzte gegenüber leicht aufzuweisen: Hysterische wollen krank erscheinen aus Caprice, Haftpflicht-Kläger aus egoistischem Interesse; beide suchen dem Arzt ihre Leiden so übertrieben als möglich darzustellen, beide suchen ihn zu täuschen; bei beiden ist der natürliche Wunsch, gesund zu werden, in sein Gegentheil verkehrt; beide wollen wenigstens krank *scheinen*, damit sie sicher bleiben vor den Ansprüchen, die das Leben an den Gesunden stellt.

Es sei ferne von uns, behaupten zu wollen, daß dies Verhalten bei *allen* Haftpflicht-Verletzten, oder auch nur bei der Mehrzahl wirklich beobachtet werde. Erwägen wir aber, welch' hartes Brot der Arbeiter im Allgemeinen ißt, welche Verlockung für ihn der Zustand völliger Sicherheit der Existenz bietet, wie wenig entwickelt das Ehrgefühl in den niederen Schichten der Bevölkerung ist, so mögen wir wohl glauben, daß von den Vielen, die durch eine haftpflichtige Verletzung in die Lage kommen, das Glück eines wirthschaftlich sorglosen Lebens sich nahe gerückt zu sehen, nicht Wenige einer Versuchung unterliegen, die das Gesetz selbst so nahe legt.

Leider zeigt nun auch die Praxis mit trauriger Gewißheit, daß wir es bei einer sehr großen Zahl der Haftpflichtfälle theils mit bewußter Simulation, theils mit absichtlicher Uebertreibung, und vielleicht noch häufiger mit einem lediglich passiven Widerstand gegen die Heilkraft der Natur, mit einem Nicht-Wollen der Genesung zu thun haben. Der Arzt vermag alle diese Fälle nicht mit derjenigen Sicherheit zu durchschauen, welche zu einem beweiskräftigen Urtheil nöthig ist. Sehr oft heißt es: es ist möglich, daß Simulation vorliegt, es ist möglich, daß bei gutem Willen der Verletzte arbeiten könnte — aber, weil eben ärztliche Wissenschaft in den geheimnißvollen Zusammenhang zwischen Willen und Erscheinung noch kaum eingedrungen ist, vermag der Arzt fast nie einen Menschen für gesund oder arbeitsfähig zu erklären, der beides nicht sein oder doch nicht scheinen will. Die Diagnose wird für den Arzt besonders schwer, wenn der Simulant die objektiven Krankheitserscheinungen bereits kennt, oder wenn gar dieselben in geringem Grade auch wirklich noch vorhanden sind und es sich also entweder nur um den Schein der Fortsetzung eines wirklich vorhanden gewesenen Krankheits-Zustandes oder um die Uebertreibung wirklich vorhandenen Leidens handelt. Einer dieser beiden Fälle wird meist vorliegen. Denn wir gehen nicht so weit, behaupten zu wollen, daß die ursprüngliche Verletzung selbst häufig simulirt werde. Das gehört gewiß zu den größten Seltenheiten. Aber nach wirklich vorgekommenen Verletzungen wird die eingetretene Heilung auch der Folgen geläugnet, oder es werden die zurückgebliebenen Folgen übertrieben! Noch schwieriger liegt die Sache für den Arzt, wenn der Verletzte, wie wir vorher andeuteten, die Genesung selbst durch sein Verhalten hindert oder verzögert, wenn er durch seinen Willen die wohlthätige Heilkraft der Natur paralysirt. Wir gewinnen aus einer großen Zahl praktischer Haftpflicht-Fälle die Ueberzeugung, daß sehr häufig die wirkliche Genesung lediglich deßhalb nicht eintritt, weil der Verletzte sie nicht wünscht, ja vom Standpunkt seines wirthschaftlichen Interesses aus sie nicht einmal wünschen kann.

Wenigstens ist es kaum auf andere Weise erklärlich, daß in einer so erstaunlich großen Anzahl von Haftpflicht-Verletzungen die nach den ersten ärztlichen Gutachten in kurzer Zeit zu erwartende Genesung ausbleibt, und daß statt ihrer schleichende oder chronische Krankheitszustände eintreten, die zwar keineswegs simulirt sind, die aber nach ärztlicher und menschlicher Erfahrung bei Verletzungen, auf die das Haftpflicht-Gesetz keine Anwendung findet, nur selten einzutreten pflegen.

Eine der eigenthümlichsten Krankheitserscheinungen als Folge der Eisenbahnverletzungen ist die Rückenmarkserschütterung, deren specifische nach Eisenbahnverletzungen auftretende Form von englischen Aerzten als railway-spine bezeichnet wird. Das Wesen dieser Krankheit ist wie das mancher anderen von den Aerzten noch nicht völlig erkannt. Der bei der Berlin-Anhalter Bahn als Eisenbahnarzt fungirende Dr. Rigler in Berlin hat sich das Verdienst erworben, in einer besonderen Schrift*) an der Hand langjähriger eigener Beobachtungen und unter Beschreibung einer großen Reihe bestimmter Fälle das Wesen dieser und anderer häufiger Eisenbahn-Krankheiten zu beleuchten. Diese Krankheit tritt in der Regel mit Schmerzen im Rücken auf, die oft erst Wochen nach dem Unfall beginnen. Lokale Lähmungserscheinungen der verschiedensten Art pflegen zu folgen, und oft erst nach langer Dauer der Erkrankung tritt schlechtes Allgemeinbefinden und mangelhafter Ernährungszustand auf; oft wird Beides gar nicht alterirt oder kehrt doch nach Abschluß des eigentlichen Krankheitsprozesses zurück.

Das für unsere Untersuchung besonders Wichtige dieser Krankheitsform ist der Umstand, daß dieselbe Jahre lang bestehen kann, ohne von objektiv nachweisbaren Krankheits-Erscheinungen begleitet zu sein. Da sie nun überdies eine häufige Folge aller solcher Unfälle ist, bei welchen ein sogenannter shock, eine gewaltsame und plötzliche Erschütterung stattgefunden hat, und diese bei den Unfällen des Eisenbahnbetriebes selten fehlt, so bietet sie der Simulation ein besonders günstiges Feld, wie denn Rigler in seiner genannten Schrift eine ganze Reihe von Fällen wirklicher oder wahrscheinlicher Simulation des railway-spine bespricht.

Aber auch abgesehen von den Fällen des simulirten railway-spine scheint gerade hier der Wille von besonderem Einfluß auf den Verlauf der Krankheit zu sein. Hierfür spricht unter Anderem, daß dieselbe

*) Ueber die Folgen der Verletzungen auf Eisenbahnen insbesondere der Verletzungen des Rückenmarks, Berlin 1879 Verlag von G. Reimer.

unseres Wissens selten dann beobachtet ist, wenn der Verletzte in Folge eigenen Verschuldens Ansprüche nicht hätte geltend machen können!

Es wäre in hohem Grade wünschenswerth, wenn die Aerzte mehr, als bisher geschehen, ihre Aufmerksamkeit auf die vielfachen Eigenthümlichkeiten solcher Haftpflicht-Fälle lenken wollten, in denen ein nachtheiliger Einfluß des Willens auf den Heilungs-Proceß nachgewiesen werden kann.

Ueberhaupt hat sich wohl die ärztliche Wissenschaft bis jetzt noch nicht genügend mit der Diagnose des Einflusses der Haftpflicht-Verletzungen auf die Erwerbsfähigkeit beschäftigt. Der Arzt ist zu sehr gewöhnt, in dem Verletzten den Patienten zu sehen, von dem ja doch unter natürlichen Verhältnissen angenommen werden muß, daß er nichts sehnlicher wünscht, als seine völlige Wiederherstellung. Die Aerzte sind deßhalb nur zu sehr geneigt, die Klagen dieser Patienten für baare Münze zu nehmen, wenn nur die objektiven Krankheitserscheinungen nicht direkt widersprechen. Eine Prüfung der Angaben auf ihre Glaubwürdigkeit hat fast immer ein schwankendes und zweifelhaftes Resultat.

Allerdings haben ja die Bahnverwaltungen meist Aerzte engagirt, welche nicht nur das Interesse des Verletzten, sondern auch das des Bahn-Unternehmers wahrnehmen. Aber auch diese Aerzte sehen sich eben mit Rücksicht auf den Stand der ärztlichen Wissenschaft der Frage der Uebertreibung oder Simulation gegenüber zu einem non liquet gezwungen und überdies werden ihre Angaben von dem erkennenden Richter, dessen Herz stets auf Seiten des Verletzten ist, wohl meist mit einem gewissen Mißtrauen aufgenommen. Auch fehlt es den Eisenbahnärzten vielfach an der praktischen Erfahrung auf dem Gebiete der Haftpflicht-Verletzungen, da die Eisenbahn-Praxis meist nur einen kleinen Theil ihrer Thätigkeit ausmacht.

Von großer Bedeutung zur Erforschung dieses wichtigen Gebiets der ärztlichen Wissenschaft und zugleich auch des Eisenbahn-Wesens würde es sein, wenn bei den großen Direktionen der Staatsbahn-Verwaltungen nicht nur, wie es jetzt geschieht, besondere Vertrauensärzte, deren Hauptthätigkeit doch in ihrer Privat-Praxis oder anderweiten Berufsgeschäften liegt, sondern besondere ärztliche Decernenten bestellt würden, welchen nicht nur die hier berührten Fragen, sondern auch außerdem sehr wichtige Geschäfte in Bezug auf die sanitären Einrichtungen des Eisenbahn-Wesens und auf die Gesundheitspflege des großen im Eisenbahn-Dienst beschäftigten Personals zu übertragen wären. Die zahlreichen auf einem Gebiet von ca. 2000 km. Eisenbahnen sich ereignenden Verletzungen würden diesem ärztlichen Direktions-Mitgliede sämmtlich mit den Gutachten der unmittelbar behandelnden Aerzte zur Kenntniß und Beurtheilung vorgelegt werden; derselbe würde natürlich außerdem jeden wichtigen Fall selbst prüfen und so ein sehr reichhaltiges Material zur Beurtheilung auch der von uns vorstehend besprochenen noch dunkeln Fragen erhalten.

f) Die Erwerbsunfähigkeit nach der Praxis der Gerichte.

7

Wir haben eben gesehen, wie verhältnißmäßig leicht es für den Verletzten ist, die Behauptung der Erwerbsunfähigkeit durch ärztliches Gutachten zu beweisen und wie unendlich schwierig es schon für den Arzt ist, eine etwaige Simulation oder Uebertreibung der Leiden positiv festzustellen.

Noch verschlimmert wird aber die Lage des Eisenbahn-Unternehmers dem angeblich erwerbsunfähig gewordenen Verletzten gegenüber durch die Praxis der Gerichte. Hier hat eine über das berechtigte Mitleid mit dem Verletzten weit hinausgehende Humanität zu einer Rechtsprechung geführt, welche den früher erörterten schreienden Gegensatz zwischen der wirthschaftlichen Lage des Verletzten und derjenigen des auf seine Arbeitskraft als Erwerbsquelle Angewiesenen noch verschärft.

Es ist nämlich vom Reichsoberhandels-Gericht in mehreren Erkenntnissen wiederholt*) der Grundsatz ausgesprochen worden, daß der durch die Verletzung in seiner Fähigkeit zu dem bisherigen Erwerbe Beeinträchtigte sich keineswegs gefallen zu lassen brauche, daß ihm von dem Betriebsunternehmer eine, wenn gleich seinen verminderten Kräften entsprechende Beschäftigung angewiesen werde. Vielmehr liege in der Verpflichtung, eine bestimmte Thätigkeit zu seinem Erwerbe auszuüben, eine Beeinträchtigung der persönlichen Freiheit des Individuums, also gewissermaßen die Beschränkung eines der allgemeinen Menschenrechte!

Nach diesen Grundsätzen wird also beispielsweise ein Stationsbeamter, welcher durch die Verletzung des Fußes zum äußeren Betriebs-

*) Cf. Eger Kommentar 2. Aufl. S. 329, 331 u. 332.

dienst unfähig geworden ist, aber sehr wohl noch im Büreau eine passende, seinen Fähigkeiten angemessene Beschäftigung finden kann, dennoch nicht verpflichtet sein, dieselbe anzunehmen, vielmehr volle Entschädigung für den Verlust seiner ganzen Erwerbsfähigkeit fordern können, wenn ihm nicht nachgewiesen werden kann, daß er mit dem ihm gebliebenen Rest seiner Arbeitsfähigkeit in seiner bisherigen Berufsthätigkeit und auch anderwärts überall leicht Beschäftigung finden kann. Denn — so ist der Ideengang des Gerichtshofs — Stationsbeamter der N. N. Bahn ist der Mann aus freier Wahl geworden; Büreaubeamter derselben Bahn zu werden, würde er nur durch den Zwang der Verhältnisse genöthigt werden — und ein solcher Zwang ist unstatthaft!

Wenn man den in unserer Zeit übermäßig oft betonten Satz von dem unveräußerlichen Menschenrechte der persönlichen Freiheit in seiner Uebertreibung veranschaulichen will, so giebt es kaum ein besseres Bild als das, welches die Anwendung des angeführten Reichsoberhandelsgerichtsspruchs auf die Verhältnisse des praktischen Lebens giebt. Man denke sich die Lage des erwähnten Stationsbeamten vor der Verletzung: er kann seines Dienstes jeder Zeit durch Kündigung aus den verschiedensten Ursachen verlustig gehen — nur ein kleiner Theil der Stationsbeamten ist auf Lebenszeit angestellt — er kann in Folge frühzeitiger Krankheit ausscheiden bezw. pensionirt werden müssen; keinenfalls erreicht er, von seltenen Fällen abgesehen, etwas Anderes, als das Aufrücken in die höheren Gehaltsklassen und in die Charge des Stations-Vorstehers und spätestens in den 60er Jahren seine Pensionirung mit selten mehr als $^3/_4$ seines Gehalts.

Nehmen wir nun den Fall einer Verletzung an, welche ihn zwar zum äusseren Betriebs-Dienste, nicht aber zum Bureaudienste unfähig macht, so verlangt das Reichsoberhandelsgericht nicht etwa nur die Differenz zwischen seinem bisherigen Einkommen und dem ihm im Bureaudienst zu gewährenden — sondern es spricht ihn von der Verpflichtung los, die ihm offerirte Beschäftigung gegen Fortgewähr seines früheren Einkommens anzunehmen; es verlangt vielmehr von der Eisenbahn den Nachweis*), daß der Verletzte mit den ihm ge-

*) Eger S. 329.

bliebenen Kräften im Stande sei, sich durch eine seinen Kenntnissen, seinem Bildungsgrade, seiner früheren Stellung und seinen socialen Verhältnissen entsprechende Beschäftigung überhaupt bei irgend einer Eisenbahn- oder einer andern Gesellschaft, bei Behörden oder Privatpersonen einen regelmäßigen und dauernden Erwerb von bestimmter Höhe sich jederzeit zu verschaffen im Stande oder in der Lage sei!! Nur den Betrag dieses so nachweisbaren Erwerbs müsse sich Kläger auf seinen Vermögens-Verlust anrechnen lassen!

Es liegt auf der Hand, daß die Führung eines solchen Nachweises so gut wie unmöglich ist, denn der Nachweis könnte nicht gut anders geführt werden als dadurch, daß die Eisenbahn dem Verletzten, den sie selbst gut und gern gegen seine früheren Kompetenzen weiter beschäftigen will und kann, eine Stelle bei einer anderen Bahn verschafft, bloß weil das Reichsoberhandelsgericht um des Princips der persönlichen Freiheit willen nicht erlaubt, daß die Eisenbahn, der er bisher angehört hat, und die freiwillig zu verlassen er niemals gedacht hätte, die Fortgewährung des bisherigen Gehalts an die Bedingung des Verbleibens im Dienste knüpfe, wenn auch bei anderer Beschäftigung. Kann der Gewinn, den der Verletzte bei solcher Rechtsprechung aus der Verletzung zieht, deutlicher sein? Bisher mußte er um sein Gehalt zu verdienen, bei der bestimmten Bahn seinen vollen Dienst thun. Verlor er diese Fähigkeit durch Unglück, Krankheit etc., so hatte er Kündigung, günstigsten Falls aber Pensionirung zu erwarten. Jetzt wird er in Folge der Verletzung dieser Verpflichtung entbunden, obwohl er fähig bleibt, seinen Dienst, wenn auch in anderer Weise, zu thun, und die Bahn muß, ohne seine Dienste beanspruchen zu können, ihm die vollen früheren Kompetenzen und zwar regelmäßig auf Lebenszeit weiter zahlen. Erst, wenn sie ihm nachweist, daß er überall anderswo eine seiner Stellung, seinen Kenntnissen und Fähigkeiten angemessene Beschäftigung erhalten konnte, darf sie den Werth derselben auf ihre Zahlungen anrechnen! Warum soll denn der Mann, der seine Kräfte bisher einem Unternehmen hat widmen müssen, um sein Brot zu verdienen, nun durch die Verletzung von einer Verpflichtung frei werden, die er freiwillig übernommen hatte und die auch bisher für ihn die Voraussetzung seines Erwerbs war?

Die Konsequenz des reichsgerichtlichen Spruches ist natürlich, daß bei Beamten wenigstens eine anderweite Verwendung nach einer haftpflichtigen Verletzung gar nicht mehr durchzuführen ist. Der Verletzte besteht auf seinem Schein und lebt im Vollbesitz seines Gehalts und einer beneidenswerthen Thaten- und Sorglosigkeit weiter!

Nicht nur für Beamte, bei denen eine gewisse berufsmäßige Ausbildung vorausgesetzt wird, sondern auch für Arbeiter ist der Grundsatz ausgesprochen*), daß das Gesetz dem haftpflichtigen Betriebsunternehmer nicht die Befugniß gewähre, zu verlangen, daß der Verletzte gegen Fortbezug seines früheren Gehalts oder Tagelohns anderweit in seinem, des Haftpflichtigen Dienste sich beschäftige und damit dem Rechte über die Bestimmung seiner Thätigkeit, seiner persönlichen Freiheit entsage! Allerdings kann ja der nicht verletzte Arbeiter seinen Dienst jeder Zeit verlassen, seine Arbeit suchen, wo er will. Aber findet er sie denn überall? und muß er nicht immer, um Neues zu finden, das alte Verhältniß und damit zunächst seinen bisherigen Verdienst aufgeben?

Wir halten dafür, daß es kein loyaleres und natürlicheres Verhältniß geben kann, als daß der Arbeitgeber dem Verletzten aber noch theilweise Erwerbsfähigen, sei er Beamter oder Arbeiter, den bisherigen Verdienst weiter gewährt unter der selbstverständlichen Voraussetzung, daß der Verletzte die ihm gebliebenen Kräfte auch ferner den Diensten des Arbeitgebers widmet. Ihn von dieser Verpflichtung freisprechen, heißt, das Haftpflichtgesetz zu einer melkenden Kuh machen für Unzufriedene, Träge und Böswillige! Um Mißbrauch zu verhüten, genügt es, auszusprechen, daß die dem Verletzten zugemuthete Thätigkeit eine seinen Kenntnissen, seinem Bildungsgrade, seiner frühern Stellung und seinen socialen Verhältnissen angemessene sein muß! Welcher vernünftige Grund sollte wohl den Verletzten veranlassen, den Dienst des Arbeitgebers, von dem er bisher sein Brot erhielt, nach der Verletzung aufzugeben? Was der Richter hier das Princip der persönlichen Freiheit nennt, ist nichts als jene Auffassung, welche schließlich dahin gelangt, einer unbeschränkten und verantwortungslosen Zuchtlosigkeit das Wort reden zu müssen, wie wir sie bei den Dienstboten beklagen, die „sich verändern" wollen. Und doch wie anders ist dies Verhältniß einer persönlichen unmittelbaren Abhängigkeit als das eines Arbeiters oder Beamten zum Eisenbahn-Unternehmer, welches durch Instruktion und Reglement streng

*) Eger 331.

begrenzt ist und der Willkür in der persönlichen Behandlung gar keinen Raum bietet, während die hauptsächliche Gegenleistung des Unternehmers, die Gehalts- oder Lohn-Zahlung gerade in unserm Falle durch richterlichen Ausspruch oder durch allgemeine gesetzliche Festsetzung jeder Willkür entrückt ist!

Während die Absicht des kritisirten Richterspruchs offenbar nur dahin geht, den Verletzten gegen willkürliche Ausbeutung seiner geschwächten Kräfte zu schützen, so wird durch ihn in Wirklichkeit nur erreicht, daß die Verletzten der natürlichen Verpflichtung, ihrem bisherigen Arbeitgeber für das volle Lohn oder Gehalt, das sie fortbeziehn, mit ihren wenn auch nur geringen Kräften weiter zu dienen, sich entziehen und die volle Zahlung ohne jede Gegenleistung weiter beanspruchen, denn der vom Unternehmer verlangte Nachweis, daß der Verletzte mit dem Maaße der ihm gebliebenen Kräfte überall einen sicheren Verdienst erlangen könne, ist, wie wir schon oben gesehen, fast unmöglich.

Glücklicherweise ist denn auch ein Richterspruch des Reichsoberhandelsgerichts — v. 14. Dec. 1878 — zu verzeichnen, welcher den verständigen Grundsatz ausspricht, daß ein verunglückter Eisenbahnbeamter verpflichtet sei, eine seinen Kenntnissen, seinem Bildungsgrade, seiner früheren Stellung und seinen socialen Verhältnissen entsprechende Stellung, welche ihm von seiner vorgesetzten Behörde angeboten werde, anzunehmen; und könne er alsdann nur wegen der etwaigen Differenz zwischen seinem zeitigen und seinem früheren Gehalt Entschädigung beanspruchen.

Aber durch dieses Erkenntniß sind die früheren Sprüche doch nicht ohne Weiteres aufgehoben und man ist jedenfalls vor der Wiederkehr einer so eigenthümlichen Anwendung der Theorie von der persönlichen Freiheit nicht sicher!

Auch der Schutz, welchen der § 7 des Haftpflicht-Gesetzes dem zur Zahlung der Rente Verpflichteten gewähren soll, hat sich in der Praxis als regelmäßig unwirksam gezeigt. Nach dieser Bestimmung soll der Verpflichtete nämlich jederzeit die Aufhebung oder Minderung der Rente fordern können, wenn diejenigen Verhältnisse, welche die Zuerkennung oder Höhe der Rente bedingt hatten, inzwischen wesentlich verändert sind. Hiernach ist allerdings theoretisch die Möglichkeit gegeben, einem

Verletzten, wenn seine Erwerbsfähigkeit im Laufe der Zeit völlig oder theilweise zurückgekehrt ist, die Rente ganz oder theilweise wieder zu entziehen. Praktisch ist dieser Versuch indessen so viel wir wissen, zwar recht oft gemacht, aber nur in ganz vereinzelten Fällen geglückt. Und das kann ja auch nicht anders sein! Denn der Nachweis der völligen Wiederherstellung muß natürlich voll und ganz gegen den Verletzten und gegen dessen Willen geführt werden! Schon die Beobachtung der Lebensweise desselben, welche in der Regel nur durch eine höchst peinliche Spionage geschehen kann, hat ihre großen Schwierigkeiten, sie allein, und wäre sie noch so vollkommen, genügt aber nicht, denn in den meisten Fällen wird der für seine Verhältnisse, wie wir sahen, meist glänzend Versorgte seine Lebensweise so einrichten, daß aus derselben eine Wiederherstellung wohl seiner Genußfähigkeit nicht aber seiner Arbeits- und Erwerbsfähigkeit gefolgert werden kann. Denn er wird sich meist vorsichtig hüten, sich anzustrengen und zu arbeiten, da er im Besitz eines „Tischlein deck Dich“ der trefflichsten Art ist. Aber auch wenn der — wie wir annehmen — wirklich Hergestellte in der That unvorsichtig genug ist, der Beobachtung einzelne Handhaben für die Behauptung zu bieten, daß seine Arbeitsfähigkeit hergestellt sei, so wird doch immer der Nachweis der Wiederherstellung nur durch ärztliches Attest geführt werden können. Auf den etwa behandelnden Arzt als auf einen Zeugen gegen das Interesse seines Patienten kann man sich nicht wohl berufen, wieder also sieht sich der Haftpflichtige auf das Gutachten eines Arztes angewiesen, der den Verletzten nur aus kurzer vielleicht nur aus einmaliger Anschauung kennt und daher gewiß sehr vorsichtig in seinem Urteil sein muß. Fast undenkbar ist es jedenfalls, daß derselbe die Angaben des Verletzten, er sei zu dauernder Arbeit auch jetzt noch wegen auftretender Schmerzen, Erlahmung der Kräfte, oder sonstiger Beschwerden — noch unfähig, mit völliger Bestimmtheit widerlegen kann. Wieder treten dem Arzt alle die Momente hindernd in den Weg, die wir vorhin bei der Erörterung über die Simulation und die Uebertreibung anführten.

Daß die spätere Wiederherstellung der Arbeitsfähigkeit nach Verletzungen im Eisenbahnbetriebe auch in solchen Fällen recht häufig ist, in denen die Aerzte zunächst eine dauernde Arbeitsunfähigkeit glaubten annehmen zu müssen, das lehrt die Erfahrung, welche bei andern nicht haftpflichtigen Verletzungen gemacht wird, bei denen das eigenste Interesse dem Verletzten eine völlige Wiederherstellung seiner Arbeitsfähigkeit zum heißesten Wunsch macht. Wie viele Fälle später aber glücklicher Heilungen aller möglichen Verletzungen sind bekannt! Aber nicht von einem einzigen Falle weiß man, daß ein auf Grund des Haftpflichtgesetzes Abgefundener freiwillig zugestanden hätte, daß seine Arbeitsfähigkeit wieder hergestellt sei! Und nur in ganz vereinzelten Fällen ist es gelungen, die erfolgte Wiederherstellung derartig nachzuweisen, daß der Richter auf Verminderung oder Fortfall der Rente auf Grund des § 7 erkannt hätte!

Auch das giebt zu denken!

g) Der Schadensersatz bei Tödtungen.

8

Nachdem wir uns bisher lediglich mit der Lage des auf Grund des Haftpflichtgesetzes Verletzten beschäftigt und nachzuweisen versucht haben, daß das Gesetz in dem Schutz, welchen es dem Verletzten gewährt, in vieler Beziehung über das gerechte und zweckmäßige Maaß hinausgeht, erübrigt noch die Untersuchung, ob dieselben Bedenken einer zu reichlichen Entschädigung auch dann Statt haben, wenn die Verletzung entweder unmittelbar tödtlich wirkt oder doch der später eintretende Tod als eine direkte Folge der Verletzung nachgewiesen werden kann.

Alles, was wir über die nachtheilige Wirkung der zu reichlichen Entschädigung auf das Verhalten des Verletzten selbst, was wir über die Häufigkeit der Simulation und Uebertreibung, über den eigenthümlich verzögernden Einfluß des Willens auf die Heilung der Verletzungen gesagt haben, fällt hier ja von selbst fort.

Die Entschädigung aber, welche im Tödtungsfalle an die Hinterbliebenen bezahlt wird, ist immerhin viel reichlicher, als in der Regel der Unterhalt gewesen sein würde, welchen der Getödtete ohne den Eintritt des Unfalls seinen Angehörigen hätte zu Theil werden lassen können. Denn auch hier tritt durch das Haftpflichtgesetz an Stelle der Unsicherheit, welche naturgemäß, wie wir früher gesehen haben, das Einkommen des kleinen Beamten und namentlich des Arbeiters fortwährend umgiebt, die Sicherheit einer festen mindestens für die Zeit der wahrscheinlichen mittleren Lebensdauer des Getödteten zahlbaren Rente, ohne Rücksicht darauf, daß der Getödtete, wenn er auch die ermittelte Lebensdauer erreicht hätte, doch voraussichtlich nicht bis an sein Lebensende erwerbs- und arbeitsfähig geblieben wäre. Auch die wahrscheinliche Lebensdauer wird nach einer für die Hinterbliebenen äußerst günstigen Methode ermittelt, nämlich auf Grund der von den bewährtesten Lebensversicherungsgesellschaften auf Grund ihrer Erfahrungen über die Sterblichkeit aufgestellten Tabellen. Diese Tabellen aber umfassen nur solche Individuen, deren Gesundheitszustand ein so guter war, daß ihre Versicherung unbedenklich erfolgte. Man weiß, daß hierzu eine sehr normale und tüchtige Constitution gehört; eine außerordentlich große Anzahl aller Versicherungsanträge werden wegen mangelnder Garantie für eine lange Lebensdauer abgelehnt. Wird also die voraussichtliche Lebensdauer eines Menschen nach Maaßgabe dieser Tabellen ermittelt, so ist es die eines Kerngesunden, dessen Gesundheit von dem Vertrauensarzt der Lebensversicherungs-Gesellschaft für völlig normal erklärt worden war. Es ist nur zu bekannt, wie wenige Männer namentlich aus den arbeitenden Klassen der Bevölkerung diesem Gesundheitsideal entsprechen. Die Lebensdauer derselben wird daher im Durchschnitt viel geringer sein, als die Sterblichkeitstafeln der Versicherungs-Gesellschaften ergeben und den Hinterbliebenen wird daher die Rente in unseren Fällen meistentheils um mehrere Jahre länger gezahlt werden, als der Getödtete ohne den Unfall gelebt haben würde, und um eine weitere Zahl von Jahren länger, als derselbe erwerbsfähig geblieben wäre.

Allerdings kommt hier ein Moment mildernd in Betracht: die Kinder des Getödteten erhalten die Rente immer nur so lange, bis dieselben erfahrungsmäßig selbstständig erwerbsfähig werden (man nimmt jetzt in der Mehrzahl der Fälle bei Söhnen das vollendete 16., bei Töchtern das vollendete 17. Lebensjahr als solches an). Nur die Wittwe erhält, abgesehen von dem nicht seltenen Falle der Wiederverheirathung, die Rente bis zum Ende der vermuthlichen mittleren Lebensdauer des Getödteten.

Ebenso reichlich und über das den wirklichen Verhältnissen entsprechende Maaß hinausgehend, wie die Dauer der Rente, wird regelmäßig auch ihre Höhe bemessen. Die Schwankungen, welchen das Einkommen des Getödteten unterworfen war, werden nur insoweit berücksichtigt, als dies nöthig erscheint, um eine Benachtheiligung der Berechtigten jedenfalls auszuschließen. Der Theil des Einkommens, welchen der Getödtete zum Unterhalt der Seinen verwandte, wird ebenfalls zwar nach einem durchschnittlichen Erfahrungssatz aber jedenfalls so hoch angenommen, daß eine Schädigung der Hinterbliebenen unbedingt vermieden wird; kurz, es wird den Grundsätzen der Humanität entsprechend in allen Punkten der für die Hinterbliebenen günstigste Fall angenommen und so denselben eine Rente gesichert, welche in den bei weitem meisten Fällen sicherer, höher und dauernder ist, als vermuthlich der Unterhalt durch den getödteten Ernährer gewesen sein würde.

Doch wir legen auf diese Punkte nur geringes Gewicht. Wittwen und Waisen sind wenig geneigt, von den ihnen gewährten Renten einen schlechten Gebrauch zu machen; in der Regel wird die Erziehung in Folge der Rente eine bessere und solidere werden, und die hierzu aufgewendeten Beträge kommen daher dem wirthschaftlichen Wohlstande der Nation zu Gute. Der Fall, daß die Kinder mit den Renten tüchtiger erzogen werden können, als wenn der getödtete Vater am Leben geblieben wäre, wird keineswegs selten sein. Darin ist denn für das Gesammtwohl eher ein Vortheil als ein Nachtheil zu erblicken, und so würden wir uns die besprochene Bestimmung des Haftpflicht-Gesetzes gern gefallen lassen, wenn nicht der Konsequenz halber mit einer Ermäßigung der gesetzlichen Ansprüche des Verletzten auch diejenigen der Hinterbliebenen eines Getödteten herabgemindert werden müßten.

II. Abschnitt.

Die Wirkungen des Haftpflicht-Gesetzes.

a) In sittlicher und socialer Beziehung.

9

Wir haben uns bisher im Wesentlichen nur mit der Frage beschäftigt, in wie weit die Bestimmungen des Haftpflicht-Gesetzes, auf die einzelnen Fälle angewendet, geeignet sind, für diejenigen, welche das Gesetz anrufen können, eine Besserung ihrer wirthschaftlichen Lage herbeizuführen. Wir haben gezeigt, daß in der Mehrzahl der Fälle die Absicht des Gesetzes, den Verletzten bezw. dessen Hinterbliebene gegen eine Verschlechterung ihrer Lage zu schützen, praktisch zu dem Resultat führt, daß dieselbe, wirthschaftlich betrachtet, nicht nur nicht verschlechtert, sondern sogar in einer ganz ungewöhnlichen Weise verbessert wird, so daß der Unfall zu einem Glücksfall für die Betroffenen wenigstens in materieller Beziehung wird.

Durch diese Verhältnisse wird in den weiten und breiten Schichten des Volks, zu deren Schutz das Gesetz bestimmt ist, ein höchst bedenklicher Irrthum erzeugt und die ohnehin vorhandene Unzufriedenheit mit den bestehenden Zuständen genährt; es wird die Vorstellung erweckt, der Staat müsse das, was er durch das Haftpflicht-Gesetz dem durch eine Verletzung Geschädigten gewährt, auch allen Andern zu Theil werden lassen, die ebenfalls durch Unglück anderer Art, durch Krankheit, Alter, Siechthum, oder gar durch Mangel an Arbeitsgelegenheit an der Fortsetzung ihres bisherigen Erwerbes verhindert sind.

In dieser Vorstellung liegt aber eine große Gefahr! Bei aller Theilnahme und Sorge für das Wohl der arbeitenden Klassen, von welcher unser ganzes öffentliches Leben erfüllt ist, dürfen wir uns doch über Eines nicht täuschen: wir haben nicht mit ideal angelegten Menschen zu rechnen, sondern die Triebfeder der großen Massen bleibt immer der Egoismus. Unsere Wohlfahrts-Einrichtungen müssen so gestaltet sein, daß sie bei dem Durchschnitts-Menschen ein möglichst geringes Maß von Edelsinn, Aufopferungsfähigkeit, Idealismus voraussetzen;

sonst gehen sie zu Grunde — wie bisher alle kommunistischen Versuche. Diesem Gesichtspunkt ist von den Gesetzgebern des Haftpflicht-Gesetzes, zu denen ja auch der theoretisirende Idealist Lasker gehörte, nicht genügend Rechnung getragen. Dieses Gesetz trägt den Stempel der durch einen Zug von unpraktischem Idealismus ausgezeichneten Zeit, in der es entstand, an der Stirn. Niemand dachte daran, daß das Gesetz zu Mißbräuchen seitens derer, für die es erlassen wurde, führen könnte. Aber die Praxis hat gezeigt, daß die Versuchung, welche durch das Gesetz an die arbeitenden Massen herantritt, zu groß ist. Man denke sich den Gegensatz: der im Schweiße seines Angesichts sein Brot sauer verdienende Arbeiter, dessen Loos vielleicht durch Kränklichkeit und schmalen Lohn ein besonders hartes ist, sieht um sich eine nicht geringe Anzahl von Kameraden, die das Glück gehabt haben, so zu verunglücken, daß ihnen nach dem Gesetz Entschädigung werden muß, während ihr subjektives Wohlbefinden kaum beeinträchtigt ist. Er sieht, wie diese ihre Rente mit vielem Behagen verzehren, von keiner Sorge angetastet werden. Er selbst wird krank, vielleicht in Folge seines Dienstes, aber nicht durch eine Verletzung; das schmale Krankengeld reicht nur zum dürftigsten Unterhalt hin; er muß seine Arbeit aufgeben, Noth und Elend bemächtigt sich der Familie, und wenn der Tod herannaht, so weiß er, daß Frau und Kind nichts haben als den Anspruch an die öffentliche Armen-Unterstützung und die Hoffnung auf das Erbarmen mildthätiger Herzen. Sein verletzter Kamerad kann dagegen ohne jede Sorge aus dem Leben scheiden, die Rente des Haftgesetzes sorgt für seine Hinterbliebenen besser, als er selbst es gekonnt hätte.

Muß der Anblick solcher Zustände die Seele des Arbeiters nicht mit Neid und Mißgunst erfüllen und in ihm den dringenden Wunsch rege machen, in gleicher Weise für sich und die Seinen sorgen zu können? Und weiter muß sich der Mann nicht fragen: wodurch hat Jener sich so großes Gut erworben? Klingt es nicht wie Hohn, wenn die Antwort darauf ist: durch seine Verunglückung? Ist da nicht das bittere Gefühl vollkommen berechtigt, daß hier mit sehr ungleichem Maß gemessen wird? daß die Verunglückung so wohlthätige Folgen hat, während der durch das Unglück der Krankheit Betroffene leer ausgeht? Und dieses berechtigte Gefühl muß die arbeitenden Klassen in ihren Ansprüchen zu der Folgerung führen: wenn der Staat oder die Gesellschaft es für recht hält, daß für die in ihrem Dienst Verunglückten so gut gesorgt werde, so muß auch für alle anderen Fälle der unverschuldeten Verdienstlosigkeit ein Gleiches geschehen! Welcher Grund rechtfertigt eine verschiedene Behandlung dieser Fälle? Wirthschaftlich betrachtet ist gewiß die Verletzung beim Eisenbahnbetriebe eben auch nur eine der vielen Veranlassungen, welche für den Arbeiter unverschuldete Verdienstlosigkeit herbeiführen können, es erscheint deshalb auch nur billig, daß die Ausgleichung der Folgen, wenn eine solche von der staatlichen Gesellschaft als nothwendig erachtet wird, gleichmäßig und ohne Rücksicht auf die Veranlassung geschehe!

Mit diesem Raisonnement sind wir aber an einem Punkt angelangt, wo wir den Forderungen der arbeitenden Klassen ein unbedingtes und entschiedenes Halt entgegenrufen müssen! Es ist eine vollständige socialistische Utopie, jemals einen Zustand der Gesellschaft träumen zu können, in dem es möglich wäre, daß jeder Einzelne von Staats- oder Gesellschafts-Wegen für die Zeit seiner unverschuldeten Verdienstlosigkeit eine volle Entschädigung nach den Grundsätzen erhalte, wie sie das Haftpflichtgesetz aufstellt! Ein solcher Zustand würde dem Staate und der Gesellschaft nicht nur unerschwingliche Lasten aufbürden, er würde auch zweifellos zu einem höchst ungesunden Anwachsen des Müssiggängerthums führen.

Schon jetzt macht sich in den Kreisen der niedern Eisenbahn-Beamten und -Arbeiter häufig ein Hang geltend, alle, auch die geringfügigsten Verletzungen, zu Haftpflicht-Ansprüchen auszubeuten. Die Zahl der Berufungen auf dieses Gesetz hat in besorgnißerregendem Maaße zugenommen, während die Sicherheit des Eisenbahnbetriebes in den letzten 13 Jahren in Folge der gesammelten Erfahrungen und der technischen Verbesserungen wesentlich zugenommen hat und die Zahl der eigentlichen Eisenbahnunfälle (wie sie vom Reichseisenbahnamt allmonatlich in einer statistischen Tabelle veröffentlicht werden) relativ vermindert ist.*) Das Beispiel der zahlreichen Haftpflichtabgefundenen, welche im Verkehr mit ihren früheren Arbeits- und Berufs-Genossen bleiben und ein sorgenfreies Dasein führen, vielleicht auch dieselben mit Bier und Wein regaliren, den der Unternehmer als Stärkungsmittel für den Verletzten bezahlen

---

*) Vgl. 11 und 12 dieser Schrift.

muß*) — wirkt natürlich verführend und ansteckend, ebenso wie die Beispiele gelungener völliger oder theilweiser Simulation. In jedem größeren Ort finden sich überdies gewissenlose Agitatoren genug, welche keine Gelegenheit vorübergehen lassen, die Arbeiter auf die außerordentlich günstige Lage aufmerksam zu machen, welche das Haftgesetz ihnen sichert.

Daß von dem Arbeiter Alles das, was von einem wirklich haftpflichtigen Falle gilt, auch auf alle andern Verletzungen und Unfälle übertragen wird, daß sehr häufig versucht wird, auch jede Krankheit als die Folge einer Verletzung darzustellen, und daß so in der Meinung der Leute sich die Vorstellung festsetzt, die Eisenbahn müsse für alles derartige Ungemach nach dem gleichen Maaßstabe aufkommen, wie ihn das Haftpflichtgesetz an die Hand giebt, ist nur zu natürlich. Erkennt die Verwaltung das nicht an, sondern hält sie sich eng an die Einschränkungen des Gesetzes, und wird dann auch vom Richter dem beigetreten, so empfindet der Verletzte das als eine völlig unverständliche Härte! Und solche Fälle tragen dann von Neuem dazu bei, die Unzufriedenheit zu schüren, die Ansprüche zu steigern, der socialdemokratischen Agitation in die Hände zu arbeiten.

So wird denn der schöne wohlthätige und wahrhaft christliche Gedanke des Gesetzes in sein Gegentheil verkehrt! Vernunft wird Unsinn, Wohlthat Plage!

Wir werden gewiß nicht dahin mißverstanden werden, als wollten wir läugnen, daß trotz des auf dem Grunde dieses Gesetzes emporgewachsenen Mißbrauchs doch dessen wohlthätige Folgen überwiegen. Wer wollte gerade dem fleißigen arbeitsamen Manne die köstliche Beruhigung mißgönnen, daß für den Fall einer unverschuldeten Verunglückung für ihn und die Seinigen gesorgt ist. Wer wollte läugnen, daß zahlreiche Verletzungen so schwer und in ihren dauernden Folgen so traurig sind, daß selbst die reichliche Entschädigung nach dem Gesetz gering erscheint gegenüber den Leiden und Schmerzen, die der Verletzte zeitlebens zu erdulden hat. Auch läßt sich nicht verkennen, daß häufig der Verdienst des niedern Beamten und Arbeiters namentlich bei zahlreicher Familie so knapp und unzureichend ist, daß auch die nach dem Gesetz erfolgende

---

*) Ein aktenmäßig konstatirter Fall.

Fortgewähr die Lage des Verletzten und seiner Familie zu keiner beneidenswerthen gestalten kann! Dennoch bleibt auch dann das Mißverhältniß bestehen, daß die wirthschaftliche Lage durch den Unfall nicht nur unverändert bleibt, sondern erheblich verbessert wird. Und in den Fällen, welche durch den traurigen Verlauf des Leidens unser Mitleid herausfordern, müssen wir uns immer wieder sagen, daß solches Leid nicht durch Geld aufgewogen werden kann, und daß es außer Menschenmacht liegt, Unglück in Glück zu verwandeln.

Freilich halten auch wir eine Entschädigung für den Verletzten unter allen Umständen für nothwendig und gerecht, nur das Maaß derselben, wie es im Haftpflichtgesetz festgesetzt ist, bekämpfen wir, weil sich hier gezeigt hat, daß die übertriebene Humanität desselben nur zu Mißbrauch, zu sittlicher Verwilderung derselben Massen dient, zu deren Gunsten das Gesetz erlassen war. Auch Bähr in seinem mehrfach citirten Aufsatz hält eine Reform des Haftpflichtgesetzes in dem Sinne für angemessen, daß die im Fall der Arbeitsunfähigkeit zu zahlende Rente auf einen entsprechenden Theil des Gehalts oder Lohns zu beschränken.

Noch ein wichtiger Gesichtspunkt muß hier erwähnt werden.

Bei Erlaß des Gesetzes hoffte man, die strengen und für den Unternehmer empfindlichen Folgen der Haftpflicht würden auch insofern zum Schutz des die Eisenbahnen benutzenden Publikums und der in ihrem Dienste stehenden Beamten und Arbeiter gereichen, als die Eisenbahnen sich auf das Aeußerste bemühen würden, durch Sicherheits- und Schutz-Maßregeln, technische Vervollkommnungen und strenge Disciplin die Zahl der Unfälle zu vermindern. Zugegeben, daß die auf dieses Ziel gerichteten niemals ruhenden Anstrengungen der Verwaltungen durch das Gesetz seiner Zeit einen neuen starken Antrieb erhalten haben — so tritt ihnen doch auch wieder nach der entgegengesetzten Seite wirkend ein gewisses Gefühl der Sorglosigkeit beim Personal entgegen, welches weiß, daß durch das Gesetz zwar nicht die körperlichen Wirkungen der Verletzung aufgehoben, wohl aber die Sorge für die Zukunft in materieller Beziehung beseitigt wird. Wir fügen zwar die Thatsache, daß sich seit Erlaß des Gesetzes neben einer Verminderung der Zahl der eigentlichen Eisenbahnunfälle die Zahl der Verletzungen des Eisenbahn-Personals verhältnißmäßig vermehrt hat, auf andere Ursachen zurück*),

*) Vgl. unten die statistischen Angaben bei 10.

aber wir wollen doch hier auf das erwähnte psychologische Moment aufmerksam machen! Im Einzelfalle wird zwar der positive Nachweis, daß die durch das Gesetz begründete Sorglosigkeit wegen der materiellen Folgen einer Verletzung die letztere veranlaßt habe, nicht geführt werden können. Wir erinnern aber daran, daß die Versicherungs-Gesellschaften Selbstmord als Aufhebungsgrund der Versicherung ansehen, weil sie die Macht jenes psychologischen Momentes für zu stark halten. Nun wird natürlich ein nachgewiesener Selbstmord oder absichtliche Verstümmelung niemals als haftpflichtig angesehen werden, aber gerade für den Eisenbahnbediensteten ist es, wenn er will, sehr leicht, sich den Tod durch eine Verletzung beim Betriebe zu geben, ohne daß der Nachweis des Selbstmordes geführt werden kann. Ein Bediensteter, der auf Bahnhofs-Geleisen, die er zu dienstlichen Zwecken zu betreten hatte, überfahren und getödtet wird, ohne daß Zeugen zugegen sind, wird fast stets als ohne eigenes Verschulden verunglückt angesehen werden müssen, weil eben der Gegenbeweis nicht geführt werden kann. Gewiß fallen nicht wenige solche Fälle in Wirklichkeit unter die Kategorie der Selbstmorde. Auch deren Zahl würde vielleicht vermindert werden, wenn der Selbstmörder nicht mit der Beruhigung von hinnen gehen könnte, daß für seine Hinterbliebenen durch das Gesetz viel besser gesorgt ist, als er bei allem Fleiß dazu im Stande sein würde*)!

b) In finanzieller Beziehung (Zunahme der Ausgaben und Vernfungen).

10

Wir haben schon an einer anderen Stelle betont, daß wir bei der Forderung einer Reform des Gesetzes keineswegs den Hauptschwerpunkt auf die finanziellen Opfer legen, welche dasselbe in seiner jetzigen Gestalt von den Eisenbahnen fordert. Wir betonen dies hier nochmals, weil der Vorwurf immer wieder erhoben worden ist und gegen alle Stimmen, welche von seiten der Eisenbahnen sich gegen die volle Ent-

*) Wir können hier für uns auch anführen, daß der Hofprediger Stöcker auf die Forderung des vollen Lohnes erwidert hat: Diese Forderung sei absolut unmöglich, es würde eine solche Bedingung entschieden dazu führen, daß der Arbeiter alle Vorsicht bei seiner Arbeit außer Acht lasse. (Referat in der Post v. 17. Febr. 1884 I. Beilage „Lokales").

schädigung des Gesetzes aussprechen, immer wieder erhoben werden wird, daß lediglich das egoistische finanzielle Interesse der eigentliche Grund der Bekämpfung sei. Auch bei der Rechtsprechung hat zweifellos oft die Vorstellung mitgewirkt, daß es sich um einen Kampf des armen Mannes gegen den Reichthum, vielleicht die Habsucht des Aktionärs, oder die Fiskalität der Beamten handle.

Die Eisenbahnen ihrerseits haben allerdings natürlich die durchaus unproduktive Ausgabe gescheut, sie haben den fast immer übertriebenen Ansprüchen der Verletzten oder ihrer Hinterbliebenen häufig den lebhaftesten Widerstand entgegengesetzt und das an sich rigorose Gesetz so einschränkend wie möglich interpretirt, auch wohl häufig des principiellen Interesses halber es auf richterliche Entscheidung ankommen lassen. Aber wenn in einzelnen Fällen wirklich die Besorgniß einer zu großen finanziellen Belastung des Unternehmers die Entscheidungen der Direktionen in Haftpflichtfragen beeinflußt haben sollten, so können wir sagen, daß diese Besorgniß nach den bisherigen Erfahrungen unbegründet war. Bis jetzt sind die Geldopfer der Eisenbahnen für Haftpflichtfälle erträgliche gewesen, obgleich sich dieselben von Jahr zu Jahr gesteigert haben.

Die Steigerung ist allerdings eine so außergewöhnliche und fortgesetzte, daß für die Zukunft die Frage wohl aufgeworfen werden kann, ob solche Lasten füglich den Eisenbahnen zugemuthet werden sollen. So lange die Eisenbahnen zum größeren Theil in den Händen der Privaten und zwar vorzugsweise in denen der Kapitalisten, also Vermögenden waren, mochte man die Haftpflicht-Entschädigungen als eine Art indirekter Besteuerung der wohlhabenden zu Gunsten der ärmeren Klassen hinnehmen. Seit aber in Deutschland sich über $^9/_{10}$ der Eisenbahnen im Besitz der Einzelstaaten befinden, und der weitere Uebergang des Restes der Privatbahnen an den Staat und die dereinstige Vereinigung des gesammten Deutschen Eisenbahnnetzes in der Hand des Deutschen Reiches wohl nur eine Frage der Zeit ist, seitdem sind die Entschädigungen nach § 1 des Gesetzes lediglich wie irgend welche andere öffentliche Staatslasten zu betrachten, und ihre Zahlung ist eine Frage des Gemeinwohls.

Dieser Gesichtspunkt rechtfertigt vor Allem eine sorgfältige Prüfung auch der finanziellen Seite dieser Frage. Wir lassen zunächst eine Tabelle der seit 1872 von den preußischen Eisenbahnen auf Grund des § 1 des Gesetzes gezahlten Entschädigungen folgen*):

1872 :	285 446 M.	bei 13 373 km. Eisenb. im Betrieb
1873 :	444 275 M.	
1874 :	579 400 M.	
1875 :	741 678 M.	
1876 :	871 390 M.	
1877 :	1065 546 M.	
1878 :	1171 994 M.	
1879 :	1411 996 M.	
1880/81 :	1562 681 M.	
1881/82 :	1776 705 M.	bei 20 574 km. Eisenb. im Betrieb.

Danach hat sich die desfallsige Ausgabe nicht nur an sich in 10 Jahren versechsfacht, sondern es ist die kilometrische Ausgabe von 21,3 M. im Jahre 1872 auf 86 M. im Jahre 1881/82 gewachsen.

Allerdings betragen die Ausgaben des letzten Jahres noch immer nicht mehr als ½ % der Gesammt-Ausgaben und sie repräsentiren nicht mehr als ⅓ pro Mille des Gesammt-Anlage-Kapitals. Auch ist zu erwägen, daß das Anwachsen für die ersten 10 Jahre seit Bestehen des Gesetzes ein vollkommen naturgemäßes ist, da nur ein kleiner Theil — etwa 10 % — der Entschädigungen in Gestalt einer einmaligen Abfindung, alles Andere in der Form von jährlichen Renten an die Verletzten oder deren Hinterbliebene gewährt wird und die Renten also alljährlich um den Betrag der im neuen Jahr hinzutretenden so lange wachsen müssen, bis der Abgang durch Tod oder Genesung, Erreichung des erwerbsfähigen Alters, Wiederverheirathung der Wittwe u. dgl. dem jährlichen Zugang an Renten aus neuen Haftpflichtfällen gleich kommt. Die Frage, ob eine bedenkliche Zunahme der Haftpflichtfälle und der dafür zu leistenden Zahlungen eingetreten ist, wird sich daher nicht aus einem Vergleich der absolut gezahlten Summen sondern nur aus einer Zusammenstellung beantworten lassen, welche den jährlichen Zuwachs an neuen Haftpflichtfällen und neuen daraus entspringenden Zahlungsverpflichtungen ergiebt.

*) Tab. XI, 3 der statistischen Nachrichten von den Preußischen Eisenbahnen für 1879, bearb. im Min. d. öff. Arb. Die Zahlen pro 1880/81 und 1881/82 sind der vom Reichseisenbahnamt herausgegebenen Statistik entnommen.

Um nicht durch zu viel Zahlen zu verwirren, greifen wir 2 Jahre heraus, 1873 und 1879. 1873 liegt im Anfang der von uns zu betrachtenden Periode und ist durch die große Zahl seiner Eisenbahnunfälle — Folge des massenhaften Verkehrs und der Abnutzung des Bahnmaterials in den Kriegsjahren — ausgezeichnet. Im Jahr 1879 dagegen hat die Zahl der Unfälle gegen 1873 so abgenommen, daß nach der Tabelle X. d. preuß. Eisenbahn-Statistik im Jahre 1879 eine Verunglückung erst auf 4,3 Millionen, im Jahre 1873 aber schon auf 3 Millionen Achskilometer kam.

Wie verhält sich nun der Zuwachs an Haftpflichtfällen im Jahre 1879 zu demjenigen des Jahres 1873? Statt geringer zu werden, wie nach der Verringerung der Verunglückungen anzunehmen wäre, stellt sich derselbe vielmehr folgendermaßen:

Zuwachs an haftpflichtigen Entschädigungsfällen

im Jahr 1873		im Jahr 1879	
Tödtungen	165	Tödtungen	180
Verletzungen	364	Verletzungen	382
Summa	529	Summa	562

Die Zahl der Haftpflichtfälle hat sich also vermehrt, während sich die Zahl der Verunglückungen verminderte.

Noch deutlicher ergiebt dies folgende Zusammenstellung:

1873

Zahl der Verunglückungen 1697
Zahl der neuen Haftpflichtfälle 529.

Also auf je 3,2 Verunglückungen 1 Haftpflichtfall.

1879

Zahl der Verunglückungen 1403
Zahl der neuen Haftpflichtfälle 562.

Also auf je 2,4 Verunglückungen 1 Haftpflichtfall.

Trotz der Verringerung der Unglücksfälle und der Vermehrung der Sicherheit haben also die Berufungen auf das Haftpflichtgesetz zugenommen.

Leider erlaubt die Einrichtung der vorhandenen statistischen Tabellen pro 1880/81 und 1881/82 nicht, die entsprechenden Ziffern für diese Jahre zu entnehmen. Man wird sich aber schwerlich täuschen, wenn man annimmt, daß sich das Verhältniß zwischen der Zahl der Verunglückungen und der Zahl der Haftpflichtfälle auch ferner in der Richtung entwickelt hat, daß die Zahl der letzteren erheblich stärker wächst als die der ersteren.

Wir sehen hierin nur die Konsequenz der immer breiteren Ausdehnung des Haftgesetzes durch die Rechtsprechung und der immer stärker hervortretenden Neigung namentlich der im Eisenbahndienst stehenden Beamten und Arbeiter, das Haftgesetz für sich in Anspruch zu nehmen.

In wie hohem Grade insbesondere bei den Eisenbahnbediensteten die Berufungen auf das Haftgesetz zugenommen haben, lehren auch folgende Ziffern, welche für 1877 der Preußischen Eisenbahn-Statistik, für 1880 der sämmtliche Deutsche Eisenbahnen umfassenden Statistik des Reichseisenbahnamts entnommen sind:

Zahl der Tödtungen und Verletzungen von Eisenbahn-Bediensteten überhaupt:

1877	1880/81
1195	1588

Zahl der Haftpflichtzahlungen an Eisenbahnbedienstete:

1669 = 140 %	3344 = 210 %!

Zahl der Tödtungen und Verletzungen von Reisenden und Fremden:

323	702

Zahl der Haftpflichtzahlungen an solche:

168 = 52 %	443 = 63 %

Wir sehen aus dieser Tabelle, daß

1) an und für sich schon 1877 die Zahl der Haftpflichtberufungen bei Reisenden und Fremden im Verhältniß zu der Zahl der Verunglückungen viel geringer ist, als die gleiche Verhältnißziffer bei den Bahnbediensteten, und namentlich

2) daß seit 1877 eine sehr ungünstige weitere Verschiebung dieser Verhältnißziffern eingetreten ist, so daß im Jahr 1880 bei Bahn-Bediensteten auf eine Verunglückung überhaupt 2,1 Haftpflichtzahlungen gegen 1,40 im J. 1877 kamen, während bei Reisenden und Fremden 1880 auf eine Verunglückung 0,63 Haftpflichtzahlungen gegen 0,52 im J. 1877 entfielen.

Dieses höchst auffallende Verhältniß kann unseres Erachtens eben nur dadurch erklärt werden, daß in den Kreisen der Bahn-Bediensteten die so verlockenden Berufungen auf das Haftgesetz immer weiteren Umfang nehmen, während naturgemäß bei Reisenden — deren Verunglückungsziffer ohnehin kaum in Betracht kommt — und bei Fremden, welche den Lockungen des Gesetzes ferner stehen, die Berufungen auf dasselbe sich innerhalb der ursprünglichen Grenzen halten. Allerdings ist auch hier eine Zunahme des Procentsatzes von 52 % auf 63 wahrnehmbar. Diese ist wohl eine nothwendige Folge der längeren Dauer des Gesetzes, welche bewirkt, daß die Zahl der Rentenzahlungen sich von Jahr zu Jahr bis zur Erreichung des sog. Beharrungszustandes mehrt. Wird die Steigerung von 52 % auf 63 % als die normale angenommen, so dürfte bei den Bahn-Bediensteten der Procentsatz immerhin nur auf 169, nicht aber auf 210 steigen!

So finden wir denn auch durch die Statistik die Wahrnehmung bestätigt, daß die Zahl der Berufungen auf das Haftgesetz bei den Eisenbahn-Bediensteten in stetem Wachsen begriffen ist.

Am Schlusse dieses Abschnitts fügen wir noch die Zahlen der Reichseisenbahnamts-Statistik für die gesammten deutschen Bahnen in den Betriebsjahren 1880/81 und 1881/82 hinzu.

Danach betrugen die gesammten Ausgaben auf Grund der Haftpflicht nach § 1 d. Ges.

1880/81	2 120 934 M.
1881/82	2 333 039 M.

von welchen Beträgen im Jahr 1880/81 kaum der 4. Theil (456 700 M.) und im Jahr 1881/82 sogar nur der 6. Theil (384 000 M.) auf Reisende und Fremde, der ganze Rest auf Eisenbahn-Personal entfällt. Auch diese Steigerung bestätigt unsere Ansicht.

Die obige Gesammtsumme für 1881/82 ist etwa 1 Procent der gesammten persönlichen Ausgaben (234 958 263 M.), nicht ganz $^1/_2$ Procent der Gesammtausgaben (515 759 188 M.) und von dem gesammten rund 9 Milliarden M. betragenden Anlage-Kapital der Deutschen Bahnen nur $^1/_{45}$ Procent, oder kaum $^1/_5$ pro Mille.

Hiernach könnte von finanziellen Besorgnissen in Bezug auf das Anwachsen der Haftpflicht-Zahlungen allerdings kaum die Rede sein.

Jedenfalls bleibt als Ergebniß unserer Erörterung die Thatsache bestehen, daß finanzielle Rücksichten allein einen hinreichenden Grund für den Wunsch nach Reform des Haftpflicht-Gesetzes nicht abgeben können. Selbst wenn — wie allerdings beim Fortbestehen des Gesetzes in seiner jetzigen Gestalt wahrscheinlich ist — die stehenden Ausgaben, welche das Gesetz fordert, sich mit der Zeit abermals verdoppeln und auf 4½ Millionen M. jährlich steigen würden, so betrüge die dadurch nach Verstaatlichung aller Bahnen der Gesammtheit der Bevölkerung erwachsende Last nicht mehr als 10 Pf. pro Kopf.

III. Abschnitt.

a) Die Gefährlichkeit des Eisenbahnbetriebs in Bezug auf Reisende und nicht zum Bahn-Personal Gehörige.

11

Man hat mit scheinbarem Recht versucht, die hohe Entschädigung nach dem Haftpflicht-Gesetz dadurch zu motiviren, daß die Gefährlichkeit des Eisenbahnbetriebes eine außergewöhnlich große sei, für welche demjenigen, der in dieser Gefahr verunglücke, ein besonderes Aequivalent gewährt werden müsse.

Wir bestreiten zunächst die Möglichkeit einer logischen Begründung für den Satz, daß wegen der häufigeren Gefahr eine reichlichere Entschädigung gewährt werden müsse an den, den diese Gefahr trifft. Soll die Haftpflicht-Entschädigung denn eine Prämie sein für den, der sich in die Gefahr begeben? Diese Prämie müßte doch logischer Weise nicht allein in den Fällen gezahlt werden, in denen die Gefahr wirklich eintrifft, sondern vielmehr viel richtiger müßten an derselben alle diejenigen Theil nehmen, welche sich zwar in dieselbe begeben, aber derselben entrinnen! Die Theorie von dem Aequivalent für die Gefahr müßte sich also in der Praxis ganz anders äußern, nämlich in dem höheren Verdienst der in dem gefährlichen Eisenbahn-Beruf Arbeitenden gegenüber dem Verdienste minder gefährlicher Berufsarten. Es ist logisch, daß Jemand für die Chance einer gewissen Gefährlichkeit der Arbeit besser bezahlt wird, als Andere. Aus solchem Grunde ist der Verdienst des Seemanns und des Bergmanns ein außerordentlich hoher, aus gleichem Grunde zahlt die niederländische Regierung an Officiere und Aerzte, welche sich dem mörderischen Klima der Sunda-Inseln aussetzen, die höchsten Gehalte.

Nirgend aber finden wir, daß Jemand für eine Gefahr, in die er sich begeben, dadurch entschädigt werden soll, daß ihm für den Fall des Eintreffens der Gefahr ein hoher Gewinn in Aussicht gestellt wird. Ist doch bei der Gefahr der Einsatz Gesundheit und Leben, Güter, deren Verlust mit Geld nicht ersetzt werden kann.

Prüfen wir nun weiter, ob die Behauptung von der außergewöhnlichen Gefährlichkeit des Eisenbahnbetriebes und Eisenbahn-Dienstes wirklich richtig ist!

Wir müssen zunächst die Gegenbehauptung aufstellen, daß der Eisenbahn-Beruf in der öffentlichen Meinung für sehr viel gefährlicher gilt, als er wirklich ist. Dieser falsche Schein hat seine sehr zahreichen Gründe. Vor allem hat die Natur des Eisenbahnbetriebes etwas Dämonisches durch die ungeheure Kraft- und Schnelligkeits-Entwicklung, mit welcher die Züge das Land nach allen Richtungen durcheilen. Und diese ungeheuren Kräfte entziehen sich nicht dem öffentlichen Anblick und der öffentlichen Benutzung, wie die Kräfte, die in Bergwerken, Hütten und Fabriken walten. Frei, Allen sichtbar, wie der Vogel in der Luft, saust die Lokomotive durch das Land, und Jedem, dem Fürsten wie dem Bettler, leistet sie ihre Dienste. Der ganze Eisenbahnbetrieb geschieht vor Aller Augen, unter Gottes freiem Himmel! Da giebt es keine geschlossenen Fabrikräume, keine abgelegenen Winkel, keine unterirdischen Gänge! Und bei dunkler Nacht strahlen die feurigen Augen der Maschine ein unheimliches blendendes Licht aus, glänzen die Bahnhöfe in mehrfarbiger Beleuchtung, erhellt selbst das Innere der Coupéräume Kerzen-, Gas- oder Lampenlicht. Die Bahnhöfe bilden in Deutschland noch vielfach die beliebtesten Promenaden, die Ankunft und Abfahrt der Züge ist für einen großen Theil der Bevölkerung das unterhaltendste Schauspiel des Tages. Gerade die öffentliche Natur dieses für jeden Einzelnen unentbehrlichen Verkehrsmittels, dem sich Jeder mehr oder weniger oft anvertrauen muß, ist es, welche die allgemeine Aufmerksamkeit in höchstem Grade auf sich zieht. Mit Argus-Augen wird seitens des Publikums und der Presse über alle sichtbaren Vorgänge des Eisenbahnwesens gewacht; jeder Bahnhof hat seinen eigenen Reporter, jeder Landtags- und Reichstags-Abgeordnete betrachtet bei seinen Tagfahrten Alles, was das Eisenbahnwesen angeht, mit kritischem Auge! Jeder Unfall wird, womöglich noch ehe er zur Kenntniß der oberen Eisenbahn-Organe gekommen ist, der Presse zugetragen. Durch staatliche Anordnungen ist auf das Strengste dafür gesorgt, daß sich kein Unfall der Kontrole der Oeffentlichkeit und der staatlichen Organe entziehe. Allmonatlich veröffentlicht die erste Staatszeitung des Reiches mit peinlicher Gewissenhaftigkeit alle statistischen Daten über die vorgefallenen Eisenbahnunfälle. Dazu treten dann ab und zu leider nicht zu verhütende größere Katastrophen, welche die größte Aufregung hervorrufen. Kurz, es geschieht Alles, um die öffentliche Aufmerksamkeit fortwährend wach und in einer gewissen Erregung über die Ereignisse des Eisenbahnbetriebes zu erhalten.

Charakteristisch für die Ueberschätzung der Gefahr des Eisenbahnbetriebes ist die Thatsache, daß die Beförderung auf der Eisenbahn von allen künstlichen Fortbewegungsmethoden die mindest gefährliche ist. Durch Sturz aus dem Wagen, Scheuwerden der Pferde, Bruch der Wagentheile, Zusammenstoß und dergl. verunglücken bei dem Transport mit Landfuhrwerk im weitesten Sinne — Equipage, Post, Lohnfuhrwerk, Droschke, Omnibus — verhältnißmäßig viel mehr Menschen, als bei Eisenbahnreisen. Für den Reisenden ist also die Eisenbahn von allen Beförderungsmitteln das sicherste.

Schon die absoluten Zahlen der in Deutschland bei Eisenbahnfahrten verunglückten Reisenden sind sehr gering. Es sind im Betriebsjahre 1880/81 auf deutschen Bahnen unverschuldet getödtet 5, verletzt 99 Reisende; durch eigenes Verschulden beim Besteigen oder Verlassen oder Benützen der Züge getödtet 21, verletzt 39 Reisende. Im Betriebsjahre 1881/82 ist sogar unverschuldet nur ein einziger Reisender (durch Unfälle der Züge während der Fahrt) auf deutschen Bahnen getödtet, nur

52 sind in dieser Weise verletzt worden*). In Folge eigener Unvorsichtigkeit sind 17 Reisende getödtet, 38 verletzt worden. Hiernach kommt im Jahr 1881/82 eine Tödtung erst auf 12⅓ Millionen, eine Verletzung auf 2½ Millionen beförderte Reisende. Eine unverschuldete Tödtung kommt erst auf 223 Millionen, eine unverschuldete Verletzung auf 4 Millionen Reisende. Unter den Verletzungen sind dabei selbstverständlich nicht nur die schweren sondern auch alle leichten Verletzungen aufgenommen, welche überhaupt zur Kenntniß der Eisenbahn-Verwaltung gelangt sind. Die auffallend hohe Ziffer der unverschuldeten Verletzungen im Vergleich zu den verschuldeten giebt einen Fingerzeig dafür, daß die Reisenden bei unverschuldeten Unfällen schon die geringfügigsten Verletzungen zur Kenntniß der Behörden bringen, um für alle Fälle sich Haftpflicht-Ansprüche zu sichern.

Eine Vergleichung der Gefährlichkeit des Eisenbahn-Reisens mit andern Fortbewegungsarten ist leider nicht direkt möglich, weil es an Aufzeichnungen über die Häufigkeit der Benutzung dieser andern Arten fehlt. Wenn wir aber der Preußischen Staats-Statistik von 1880 (Heft LXIII) entnehmen, daß im Jahre 1880 durch Sturz von Wagen 162, durch Sturz vom Pferde 10 Personen tödtlich und je 372 und 19 zusammen also 391 Personen durch gleiche Unfälle überhaupt verletzt sind, und zwar allein innerhalb des Preußischen Staates, während die für die Eisenbahnen angegebene Zahl von zusammen 108 getödteten und verletzten Reisenden ganz Deutschland umfaßt, so wird wohl der Beweis geführt sein, daß es jedenfalls weniger gefährlich ist, sich als Reisender der Eisenbahn anzuvertrauen, als eine Droschke, Equipage oder sonstiges Landfuhrwerk zu benutzen.

Und doch, seltsam genug, hat noch Niemand auch nur daran gedacht, daß es nöthig sei gegen die zahlreicheren Unfälle auch bei Benutzung des Landfuhrwerks den Reisenden durch ein Haftpflichtgesetz zu sichern!

Nicht anders liegt die Frage der Gefährlichkeit des Eisenbahnbetriebes für Dritte, welche die Eisenbahn nicht als Beförderungsmittel

*) Die wichtigsten Angaben der Deutschen Eisenbahn-Statistik" bearbeitet im Reichseisenbahnamt S. 92 und 93. Die Zahlen für das Betriebsjahr 1882/83 werden allerdings erheblich ungünstiger sein, da die beklagenswerthe Katastrophe von Hugstetten mit ihren zahlreichen Opfern von Menschenleben in dasselbe fällt.

benutzen, sondern anderweit mit ihr in Berührung kommen. Unverschuldet sind in dieser Weise auf deutschen Bahnen im Jahre 1881/82 tödtlich verunglückt 12 und verletzt 39 Personen. Es sind dies namentlich Fälle, in denen durch Schuld der Wärter die Uebergangsbarrieren nicht geschlossen waren.

Viel größer ist freilich die Zahl solcher beklagenswerther Unfälle, welche durch Ueberfahren in Folge unvorsichtigen Ueberschreitens des Bahnplanums und namentlich unbefugten Betretens des Bahnkörpers entstehen. Nach der mehrgenannten deutschen Eisenbahn-Statistik wurden in dieser Weise im Betriebsjahr 1880/81 getödtet 173, verletzt 146, im Betriebsjahr 1881/82 getödtet 198, verletzt 138 nicht zum Bahnpersonal gehörige Personen. Dieser Zahl gegenüber weist die Preußische Staats-Statistik nach, daß 1880 allein in Preußen nicht weniger als 438 Personen getödtet und außerdem 318 verletzt sind in Folge von Ueberfahren, Erdrückung oder Schleifung durch Land-Fuhrwerke. Hieraus erhellt, daß der Eisenbahnbetrieb auch für Dritte — Nicht-Reisende — bei Weitem nicht so gefährlich ist, wie der Verkehr des Landfuhrwerks. Und dabei fällt noch besonders in's Gewicht, daß von den Eisenbahnunfällen dieser Art bei Weitem der größte Theil lediglich der Unaufmerksamkeit oder direkten Uebertretung bestehender Polizeiverbote seitens der Beschädigten zuzuschreiben ist, während umgekehrt bei den durch Landfuhrwerk verursachten Unfällen meistentheils die Unvorsichtigkeit und Fahrlässigkeit der Fuhrwerks-Lenker die Veranlassung sein wird.

Für die Frage der Eisenbahn-Haftpflicht scheiden die zuletzt aufgeführten Eisenbahnunfälle natürlich aus, da eigenes Verschulden der Verletzten vorliegt, ohne daß denselben der Umstand entschuldigend zur Seite stände, daß sie durch Beruf und Pflicht gezwungen waren, sich der mit dem Eisenbahnbetriebe verbundenen Gefahr auszusetzen.

Bei solchen Resultaten ist denn wohl die Frage gerechtfertigt, ob denn für die Fälle der Tödtung und Verletzung von Reisenden und Dritten, die nicht im Dienste der Eisenbahn stehen, überhaupt irgendwie ein öffentliches Bedürfniß zur Regelung der Schadenersatzfrage anerkannt werden kann?

Wenn Schuld des Eisenbahn-Personals vorliegt, wie beim Ueberfahren in Folge nicht geschlossener Barrieren, so haftet die Eisenbahn schon ohne das Haftpflichtgesetz nach dem Preußischen Eisenbahngesetz, dem rheinischen Recht und der neueren Praxis der Gerichte auch im Gebiete des gemeinen Rechts*). Ist eine Schuld des Personals nicht nachweisbar, so wird außerhalb des Geltungsbereichs des Preußischen Eisenbahn-Gesetzes, welches rigoröser Weise die gefährliche Natur des Eisenbahnunternehmens nicht als „höhere Gewalt" anerkannte, naturgemäß eine solche als Ursache des Unfalls anzunehmen und eine Schadenersatzpflicht ebensowenig anzuerkennen sein, wie bei all den zahlreichen auf elementaren Naturereignissen, unabwendbarem Zufall, unerforschlichen Ursachen oder irdischen Unvollkommenheiten beruhenden Unglücksfällen, wie sie eben die Vorsehung über die menschliche Gesellschaft verhängt. Allerdings bleibt es immerhin wünschenswerth, daß in dieser für das öffentliche Rechtsbewußtsein bedeutsamen Frage, in welcher durch das Haftpflichtgesetz ein einheitliches Recht für ganz Deutschland geschaffen ist, nicht wieder partikulares in den verschiedenen Staatsgebieten verschiedenes Recht eintrete. Wir versuchen daher weiter unten bei 13 eine einheitliche Lösung wenigstens für die Fälle der Tödtung und Verletzung von Reisenden bei der Beförderung auf der Eisenbahn.

Schon Bähr, welcher in seiner Stellung als Reichsgerichtsrath vor dem Verdachte einer Voreingenommenheit für die Interessen der Eisenbahn-Unternehmer sicher sein wird, hat in dem mehr erwähnten Aufsatz über das Unfallversicherungsgesetz darauf aufmerksam gemacht, daß § 1 des Haftpflicht-Gesetzes keine ganz glückliche Schöpfung sei, weil er zwischen Bediensteten der Eisenbahnen und anderen Personen nicht unterscheide, während doch das Verhältniß beider nicht gleich sei. Diesen anderen Personen, insbesondere den Reisenden gegenüber gehe das legislatorische Bedürfniß nur dahin, daß ihnen für jede Beschädigung Ersatz geleistet werde, die ihnen durch einen Unfall im Betriebe der Eisenbahn (Axenbruch, Entgleisung, Zusammenstoß u. s. w.) zugefügt werde; insofern die Bahnverwaltung nicht beweisen könne, daß der Unfall durch einen unabwendbaren äußern Zufall herbeigeführt sei. Auch in der so beschränkten Fassung sei die Bestimmung für die Eisenbahnen streng genug. Sie erscheinen jedoch praktisch gerechtfertigt, weil nur

*) Sicherlich wird die Frage der Haftbarkeit juristischer Personen für die Handlungen ihrer Angestellten auch von der Deutschen Civilgesetzgebung in diesem Sinne gelöst werden.

dadurch die Bahnverwaltungen genöthigt werden, die größte Sorgfalt auf die Untadelhaftigkeit ihres Materials und Betriebs zu verwenden.

Wenn wirklich nur dieser praktische Gesichtspunkt die Aufrechterhaltung des § 1, soweit er sich auf Reisende und dritte Personen bezieht, rechtfertigt, so glauben wir die harte Bestimmung ganz entbehren zu können. Wir haben bei 10 gesehen, wie geringfügig die finanzielle Belastung der Eisenbahn-Unternehmen durch die Haftpflichtentschädigungen für Reisende und dritte Personen ist. Seitdem der bei weitem größte Theil der Eisenbahnen verstaatlicht ist und die vollständige Durchführung dieses Processes in allernächster Zeit bevorsteht, darf man zu den Männern, welche in Deutschland zur Leitung und Beaufsichtigung der Eisenbahnen berufen sind, wohl das unbedingte Vertrauen hegen, daß es nicht der Nöthigung eines Ausnahme-Gesetzes bedarf, damit auf die Untadelhaftigkeit des Materials und Betriebes die größte Sorgfalt verwendet werde. Wenn vielleicht in der kriegerischen Stimmung des Jahres 1871 und in dem damaligen riesenhaften Aufschwung des Verkehrs, welchem die Eisenbahnen mit ihren Leistungen kaum zu folgen vermochten, sowie in den darauf folgenden Jahren des Gründer-Schwindels und der unsoliden Produktion es den Anschein haben konnte, als würden Menschenleben nicht hoch genug veranschlagt, so ist doch als höchster Gesichtspunkt in dem Beruf eines jeden Eisenbahn-Beamten die Sorge für die unbedingte Sicherheit des Betriebes etwas so Selbstverständliches, daß dieselbe wahrlich durch das Haftpflicht-Gesetz kaum erhöht werden kann! Der Druck der öffentlichen Meinung, die scharfe Kontrole der Aufsichts-Organe und nicht am Wenigsten die unerbittliche Strenge des Strafrichters und Strafgesetzes gegenüber den allergeringsten Versäumnissen des Eisenbahnbetriebs, durch die Menschenleben gefährdet werden, endlich das eigene Gewissen und die Berufstreue unseres Beamtenthums — das Alles sind Faktoren, die ein ganz anderes Gewicht haben, als der Gedanke an eine etwaige der Staatskasse zur Last fallende Haftpflicht-Entschädigung.

Jedenfalls könnte der Staat als einziger Eisenbahn-Unternehmer eines Ausnahme-Gesetzes entrathen, wenn dieses nur den einen Zweck haben sollte, den Staat selbst zur Erfüllung seiner öffentlichen Pflichten anzuhalten!

b) Die Gefährlichkeit des Eisenbahnberufes im Vergleich zu anderen Erwerbsthätigkeiten.

12

Ganz erheblich anders als für Reisende und dritte Personen gestaltet sich allerdings die Frage der Gefährlichkeit des Eisenbahn-Betriebes für alle diejenigen, welche durch ihren Beruf und Dienst mit ihm in stete Berührung kommen.

So wenig geläugnet werden kann, daß der Beruf des Eisenbahn-Beamten und Arbeiters ein von besonders eigenthümlichen Gefahren bedrohter ist, so auffallend ist die Thatsache, daß über den Grad dieser Gefährlichkeit bisher nur sehr wenige und mangelhafte statistische Erhebungen angestellt sind. Zwar über die Tödtungen und Verletzungen selbst wird, wie wir gesehen haben, mit der peinlichsten Gewissenhaftigkeit Buch geführt; aber eine Verwerthung des so angesammelten massenhaften Materials zu einer vergleichenden Statistik über die Gefährlichkeit der verschiedenen Berufsarten hat nur im bescheidenen Maaße stattgefunden. Trotz eifriger Forschung ist es dem Verfasser nicht gelungen, über diese Frage eine andere Arbeit zu finden, als die kurze kaum 2 Spalten füllende Mittheilung des Geheimrath Dr. Engel in seiner statistischen Korrespondenz Jahrgang 1880 Heft I. und II. der Zeitschrift des statistischen Büreaus S. XVI, in welcher er Bezug nimmt auf eine gleichartige Arbeit, deren Resultate in der zur Begründung des Haftpflicht-Gesetzes von den verbündeten Regierungen eingereichten Denkschrift niedergelegt sind.

Nach dieser letzteren Arbeit aus dem Anfange 1871 verunglückten von 1000 Erwerbsthätigen tödtlich (oder starben innerhalb 48 Stunden an der Verletzung) im Beruf

beim Eisenbahn-Verkehr	3,80
bei der Fischerei	3,24
beim Bergbau und Hüttenwesen . . .	2,60
beim Verkehr zu Wasser	2,00
bei der Forstwirthschaft	1,99
beim Verkehr zu Lande	1,51

beim Bauwesen	1,38
bei der großen und kleinen Industrie	0,17
bei der Landwirthschaft	0,13.

Nach der späteren Engel'schen Arbeit aus dem Jahre 1880 auf Grund der Berufszählung und Unfallsstatistik des Jahres 1871*) stellen sich die Ziffern so: von 1000 Erwerbsthätigen im Beruf verunglückten tödtlich oder starben binnen 48 Stunden:

Eisenbahn-Arbeiter	4,23
Thätigkeit in der Spedition, Frachtverkehr, Lohnfuhrwesen	2,67
bei der Fischerei	2,29
bei der Schifffahrt und Flösserei	1,90
Eisenbahn-Beamte	1,74
beim Bergbau, Hütten- und Salinenwesen	1,60
beim Bauwesen	1,25
Metall- und Maschinen-Industrie	0,24
über Industrie	0,18
Landwirthschaft, Forstwirthschaft und Jagd	0,17.

Höchst auffallend ist hier die enorm hohe Ziffer für Eisenbahn-Arbeiter an sich und im Gegensatz zu den Eisenbahn-Beamten. Engel giebt die Zahl der Beamten und Arbeiter und die Zahl der Verunglückten beider Kategorien folgendermaßen an:

		Es verunglückten tödtlich im Zählungsjahr
Eisenbahnwesen:	Beamte 47 670	83
	Arbeiter 33 800	143

Hieraus ergeben sich auf . . . 81 470 Beamte u. Arbeiter 226 tödtliche Verunglückungen, also auf 1000 im Eisenbahnberuf Erwerbsthätige 2,77 tödtliche Verunglückungen. Damit rückt aber der Eisenbahnberuf dem Gewerbe der Spedition des Frachtverkehrs und Lohnfuhrwesens mit 2,67 Verunglückten sehr nahe.

Leider stößt der Versuch, eine vergleichende Statistik über die Gefährlichkeit des Eisenbahnberufs im Verhältniß zu anderen Erwerbsthätigkeiten anzustellen, auf erhebliche in der Verschiedenheit der Aufstellungs-Grundsätze liegende Schwierigkeiten, obgleich die Unfall-Statistik an sich und die Unfall-Statistik der Eisenbahnen an Vollständigkeit und

*) Neuere Daten erklärt Engel nicht zur Verfügung zu haben!

Gründlichkeit nichts zu wünschen übrig lassen. Muß es doch schon an sich sehr auffallen, daß Engel als Chef des preußischen statistischen Büreaus für seine obige Zusammenstellung im Jahre 1880 kein neueres Material heranziehen kann als das des Jahres 1871! Es ist dies für die Eisenbahnen ein ganz besonders ungünstiges Jahr, wegen der außerordentlichen Anforderungen, welche der Krieg an die Leistungen der Bahnen stellte. Jeder weiß, daß in jener Zeit der Eisenbahnbetrieb nicht mit gewöhnlichem Maß gemessen werden konnte und daß die Ueberstürzung des Dienstes, die Reducirung der Personalkräfte auf das denkbar geringste Maß, die enorme Inanspruchnahme des Personals und Materials, kurz die gesammten Nachwirkungen des Kriegs in Verbindung mit dem unmittelbar nach seiner Beendigung auftretenden völlig abnormen Verkehrs-Aufschwung nothwendigerweise auch in einer verminderten Betriebssicherheit sich äußerten und äußern mußten.

Wir halten daher die angeführten Engel'schen Zahlen aus dem Jahre 1871 für sehr wenig geeignet, um von der Gefährlichkeit des Eisenbahnberufs eine einigermaßen richtige Vorstellung zu erwecken.

Wir legen, um die normale Gefährlichkeitsziffer des Eisenbahnbetriebes zu ermitteln, die Zahlen der Deutschen Eisenbahnstatistik des Reichseisenbahnamtes für das Betriebsjahr 1881/82*) zu Grunde, welches das letzte ist, dessen genaue Zahlen bis jetzt vorliegen.

Nach Tabelle XIII der „wichtigsten Angaben der Deuschen Eisenbahn-Statistik" war die Gesammtzahl der im Eisenbahnberuf (excl. Werkstätten-Dienst) beschäftigten Beamten und Arbeiter bei den Deutschen Eisenbahnen im Jahre 1881/82 = 246 741.

Von diesen sind nach Tabelle XIV beim Bahnbetriebe getödtet oder innerhalb 24 Stunden gestorben 233, außerdem bei andern nicht zum Betriebe gehörigen Beschäftigungen getödtet oder binnen 24 Stunden gestorben 9, zusammen also 242! Es ergiebt dies eine Gefährlichkeitsziffer von nur 1 auf 1000, gegenüber den von Engel für 1871 berechneten 4,23 bei Arbeitern, 1,74 bei Beamten und 2,77 im Durchschnitt!

Mit dem Satz von 1 oder ganz genau 0,97 auf 1000 würde der

*) D. h. bei den Reichs- und Preuß. Staatsbahnen das Etatsjahr v. 1./4. 1881 bis dahin 1882, bei den übrigen Bahnen das Kalenderjahr 1881.

Eisenbahnberuf aber in der obigen Engel'schen Tabelle erst an 6er Stelle rangiren und ihn an Gefährlichkeit das Fracht- und Lohnfuhrwesen, die Fischerei, die Schiffahrt, der Bergbau, das Hütten- und Salinenwesen und sogar das Bauwesen übertreffen.

Allerdings rechnet Engel zu den Getödteten nicht nur die binnen 24, sondern auch die binnen 48 Stunden Gestorbenen hinzu, doch wird man auf diesen Unterschied der Aufstellungsmomente wohl nur eine sehr kleine Ziffer rechnen können.

Legen wir nicht die nach der Eisenbahn-Statistik, sondern die nach der Staats-Statistik von 1881 sich ergebende Zahl von 200 im Eisenbahnberuf Getödteten in Preußen zu Grunde, und ermitteln wir nach der Eisenbahn-Statistik die Zahl der auf Preußischen Bahnen im Jahre 1881/82 angestellten Beamten und Arbeiter (ausschließlich des Werkstätten-Betriebes), welche sich auf 154 576 beläuft, so erhalten wir für den Eisenbahnberuf die Gefährlichkeitsziffer 1,22 pro Tausend, wodurch derselbe in der vorhin mitgetheilten Engel'schen Tabelle dem Baugewerbe gleichstehen würde.

Hiernach würde also für das Jahr 1881/82 die Gefährlichkeitsziffer des Eisenbahnberufs zwischen 1 und 1,22 pro Tausend schwanken, je nachdem man lediglich die Zahlen der Reichseisenbahn-Statistik für alle Deutschen Bahnen, oder die Zahlen der Preußischen Staats-Statistik bez. der Unfälle kombinirt mit den Zahlen der Eisenbahn-Statistik bez. der Berufsthätigen zu Grunde legt.

Diese Gefährlichkeitsziffer wird nun auch bestätigt durch die Angaben der Preußischen Eisenbahn-Statistik aus den Jahren 1877—1879.

Es verunglückten tödtlich:

Bahnbeamte und Bahnarbeiter im Jahr	1877	1878	1879
a) beim eigentlichen Eisenbahn-Betriebe . . .	178	162	183
b) bei Nebenbeschäftigungen	6	10	13
	184	172	196

Es waren beschäftigt in denselben Jahren:

Beamte und Hülfsbeamte	93 512	94 022	95 653
Arbeiter beim Betriebe, bei Bau-Unterhaltungs- und Werkstattarbeiten . . .	85 579	85 181	86 690
	179 091	179 203	182 143

Demnach Gefährlichkeitsziffer für das Jahr 1877: 1,02 — für das Jahr 1878: 0,96 — für das Jahr 1879: 1,07 pro Tausend.

In den Zahlen der im Eisenbahndienst Thätigen sind hier allerdings die Werkstatts-Beamten und -Arbeiter, da sie die Statistik dieser Jahre nicht besonders nachweist, mit enthalten, welche mit dem eigentlichen Betriebsdienst nicht in unmittelbare Berührung kommen und deshalb hier ausscheiden müßten, aber freilich wieder den kaum geringeren Gefahren des Werkstättenbetriebes ausgesetzt sind. Ihre Zahl kann im Durchschnitt der 3 Jahre auf rund 30 000 angenommen werden*).

Es würde alsdann unter der Annahme, daß auf die Werkstätten-Beamten und -Arbeiter nur 15 Tödtungen, also $1/2$ auf Tausend entfielen, sich die Verhältnißzahl der Tödtungen des Eisenbahn-Personals folgendermaßen stellen:

für 1877	1878	1879
1,13	1,05	1,12

auf tausend Berufsthätige.

Nach allen diesen auf verschiedenen Wegen erzielten und doch im Ganzen übereinstimmenden Resultaten glauben wir der Wahrheit sehr nahe zu kommen, wenn wir annehmen, daß nach den Erfahrungen der letzten Jahre von den im Eisenbahn-Beruf Thätigen im Deutschen Reiche jährlich durchschnittlich einer auf tausend tödtlich verunglückt.

Damit ist aber zugleich erwiesen, daß dem Eisenbahn-Beruf eine erheblich geringere Gefährlichkeit innewohnt, als einer Reihe anderer Berufsarten.

Denn nicht nur die oben mitgetheilte Engel'sche Tabelle ergiebt höhere Ziffern für mehrere andere Berufsarten, sondern auch die neueste auf dem sorgfältigsten amtlichen Material beruhende Unfalls-Statistik des Deutschen Reichs (bearbeitet vom Geheimrath Bödiker)**).

Nach dieser Arbeit kommen auf 1000 Arbeiter im Jahre:

*) Nach der Reichseisenbahnamts-Statistik pro 1880/81 betrug die Zahl der Werkstätten-Beamten und Arbeiter auf den Preuß. Bahnen 30084.

**) Ergänzungsheft zu dem Bd. LIII der Statistik des Deutschen Reichs.

		Personen betroffen durch Unfälle mit tödtlichem Ausgange
I.	Im Bergbau, Hütten- und Salinenwesen . . .	2,05 *)
II.	Im Baugewerbe	1,82
III.	In der chemischen Industrie .	1,64
	(darunter Explosivstoffe	5,45)
IV.	In der Industrie der Nahrungs- und Genußmittel	1,28
V.	In der Industrie der Steine und Erden . . .	1,07

Erst jetzt, also an VI. Stelle würden die Eisenbahnen mit der Ziffer 1 auf 1000 kommen, und denselben mit der Ziffer 0,96 die Industrie der Heiz- und Leuchtstoffe, und mit 0,87 die Industrie der Holz- und Schnitzstoffe noch sehr nahe kommen**).

Daß auch von Denen, deren geschäftliche Thätigkeit auf die Schätzung der Gefährlichkeit bestimmter Berufsarten gerichtet ist, dem Eisenbahndienst eine abschätzbare größere Gefährlichkeit als anderen Berufsarten nicht beigelegt wird, beweist die Thatsache, daß alle Lebensversicherungsanstalten ohne jede Prämienerhöhung das Leben von Eisenbahn-Bediensteten versichern. Gewährt doch sogar eine nicht geringe Anzahl bei Versicherungen von Eisenbahnbeamten einen erheblichen Prämien-Rabatt!

Einer besonderen Erörterung bedarf noch die Gefährlichkeit des

*) Für manche besonders gefährdete Betriebe sind diese Zahlen, die nur auf einer viermonatlichen Beobachtungs-Periode (August bis November 1881) beruhen, jedenfalls eher zu niedrig als zu hoch gegriffen. So finden wir in einer Tabelle der tödtlich Verunglückten des Bakwa-Hohndorfer Knappschafts-Vereins (S. 312 des Arbeiterfreunds, Jahrgang 17, 1879) die Ziffer der tödtlichen Verunglückungen seiner im Steinkohlenbergbau des Zwickauer Reviers thätigen Mitglieder für die Jahre von 1855—1878 folgendermaßen angegeben:

1855	3,91	pro Tausend	1862	3,96	pro Tausend	1870	2,71	pro Tausend
1856	3,38	„ „	1863	5,70	„ „	1871	3,18	„ „
1857	1,90	„ „	1864	3,47	„ „	1872	2,82	„ „
1858	5,93	„ „	1865	6,92	„ „	1873	4,40	„ „
1859	6,53	„ „	1866	4,09	„ „	1874	3,10	„ „
1860	5,76 / 1,59	„ „	1867	3,55	„ „	1875	1,35	„ „
			1868	4,35	„ „	1876	2,10	„ „
1864	3,70	„ „	1869	1,82	„ „	1877	1,78 / 2,68	„ „

**) Die von Bödiker in der genannten Schrift (S. 15—17) aufgestellten Gefahrenklassen — bei denen das Verkehrs-Gewerbe nicht berücksichtigt ist — ergeben eine etwas andere Rangordnung der einzelnen Industriezweige, da nicht nur die tödtlichen, sonder alle anderen Verletzungen berücksichtigt sind.

Eisenbahnbetriebes für solche Personen, welche, ohne im Dienst der Eisenbahn zu stehen, doch durch ihren Beruf gezwungen sind, sich andauernd den Gefahren des Eisenbahnbetriebes auszusetzen. Es gehören dahin namentlich die die Züge begleitenden und die auf den Bahnhöfen an den Zügen beschäftigten Postbeamten. Die Reichs-Eisenbahn-Statistik führt dieselben vereinigt mit den etwa im Dienst befindlichen Telegraphen-, Steuer- und Polizei-Beamten auf und stellt fest, daß von solchen Beamten im Jahr 1881/82 unverschuldet durch Unfälle der Züge 1 getödtet, in Folge eigener Unvorsichtigkeit beim Betriebe 8 getödtet sind.

Die Zahl der in dieser Weise beschäftigten Beamten steht nicht fest. Immerhin lehren sowohl obige Zahlen, wie eine vieljährige Erfahrung, daß die Post-Beamten im Eisenbahndienst mindestens ebenso sehr gefährdet sind, wie das Eisenbahn-Personal selbst. Ja es kommt der erschwerende Umstand hinzu, daß ein großer Theil der postdienstlichen Arbeiten im Innern der Wagen vorgenommen werden muß, ohne daß eine Aufmerksamkeit auf die äußern Vorgänge thunlich ist.

Wir haben es absichtlich vermieden, um nicht das ohnehin verworrene Material noch zu vermehren, die nicht tödtlichen Verletzungen in den Bereich unserer Betrachtungen zu ziehen. Es würde dadurch ein sicheres Resultat um so weniger erzielt worden sein, als der Begriff einer Verletzung ein äußerst schwankender ist gegenüber dem der Tödtung. Ueberdies lehrt die Erfahrung, daß die Fälle der Tödtungen zu denen der schweren, die Erwerbsthätigkeit beeinträchtigenden Verletzungen in einem fast unabänderlichen Verhältniß stehen. Jedenfalls aber kann angenommen werden, daß dieses Verhältniß bei dem Eisenbahnberuf ein möglichst ungünstiges ist, d. h. daß hier die Tödtungen verhältnißmäßig zahlreich sind, weil die Unfälle meist mit einem sehr großen Aufwand elementarer Gewalt und zerstörender Kraft verbunden sind. Sonach würde der Versuch einer vergleichenden Statistik der Verletzungen jedenfalls eher ein für die Gefährlichkeit des Eisenbahnberufs günstigeres Bild geben, als die Statistik der Tödtungen, er würde aber — wenigstens nach dem vorliegenden Material — sicherlich weit weniger zuverlässige Resultate liefern müssen, als die vorstehende Untersuchung.

Schließlich wollen wir nicht unerwähnt lassen, daß wir den vorstehenden statistischen Versuch keineswegs als eine erschöpfende Behandlung der schwierigen und leider noch sehr wenig bearbeiteten Materie betrachten. Es handelte sich für uns nur um die eine entscheidende Frage: kann die Strenge der Haftpflicht nach § 1 des Gesetzes begründet werden durch eine ganz außergewöhnliche Gefährlichkeit des Eisenbahn-Betriebes sowohl für Reisende und Dritte als für die in diesem Beruf Thätigen?

Diese Frage können wir nach dem Resultat unserer Erörterung überzeugend mit „Nein" beantworten und damit kehren wir in den Rahmen unserer ursprünglichen Aufgabe zurück.

Wir können es aber nicht unterlassen, an dieser Stelle den Wunsch auszusprechen, daß seitens der zuständigen Behörden eine vergleichende Statistik über die Gefährlichkeiten aller Haupt-Berufsarten unter Einschluß der Eisenbahnen in Angriff genommen werden möge, um endlich die übertriebenen und verwirrenden Vorstellungen von der Gefährlichkeit des Eisenbahnbetriebes zu zerstreuen und der fortwährenden Beunruhigung des Publikums entgegenzuwirken, welche durch die Ueberschätzung dieser Gefahren erzeugt wird*).

---

*) Leider läßt sich weder aus der Gewerbezählung von 1875, noch aus der Bödiker'schen Unfalls-Statistik für unsere Frage direktes Material entnehmen, weil in beiden Fällen das Eisenbahn-Wesen von den statistischen Ermittlungen ausgenommen war. Die Veröffentlichungen des Preuß. Statistischen Bureaus für die Jahre seit 1873 ergeben zwar ganz genau für den Preußischen Staat die Zahl der in den einzelnen Berufsthätigkeiten Verunglückten, nicht aber die Gesammtzahl der im einzelnen Beruf Thätigen an, und die Berufszählung des Jahres 1882 für das Deutsche Reich wiederum registrirt mit der größten Peinlichkeit die in den einzelnen Erwerbszweigen Thätigen, aber für das Jahr 1882 fehlt nun wieder die Statistik der in den einzelnen Berufsarten Verunglückten innerhalb des Deutschen Reichs.

Ein Versuch, die Zahlen der Eisenbahnstatistik mit den Zahlen der Berufsstatistik in völligen Einklang zu bringen, scheitert ebenfalls an dem Mangel der Uebereinstimmung in den einzelnen Faktoren. Denn die preußische Eisenbahnstatistik bezieht sich auf die Eisenbahnen, deren Directionen ihren Sitz in Preußen haben, ohne Rücksicht, ob die Bahnen selbst die verschiedensten Staaten durchlaufen und die preußische Staats-Statistik hinwiederum berücksichtigt nur das Preußische Staatsgebiet.

Höchst auffallende und kaum erklärliche Verschiedenheiten ergeben sich namentlich, wenn die Zahl der im Eisenbahndienst Erwerbsthätigen aus der Reichseisenbahnamts-Statistik für 1881/82 entnommen wird, und wenn dieselbe Zahl nach der Berufszählung von 1882 festgestellt wird. Die erstere Zahl ist, wie wir oben anführten, 246 741 und zwar ausschließlich der in den Eisenb.-Werkstätten Beschäftigten 44 014 Personen; nach der Gewerbezählung sollen aber im ganzen Deutschen Reich nur 171 763 im Eisenbahnberuf Erwerbsthätige vorhanden sein!

Wir müssen aber für die Zahl der Eisenbahn-Beamten und -Arbeiter die An-

IV. Abschnitt.

Reform-Vorschläge.

a) Vorschlag einer Zwangs-Versicherung für Reisende gegen Unfälle.

13

Obgleich wir theoretisch einen besonderen Schutz der Reisenden gegen Betriebsunfälle keineswegs für erforderlich halten, so vermögen wir doch nicht zu verkennen, daß gegenüber der Macht der öffentlichen Meinung und — sagen wir es ruhig — des öffentlichen Vorurtheils es bedenklich erscheint, den gesetzlichen Schutz des § 1 des Haftpflicht-Gesetzes für diejenigen, welche sich der Eisenbahn als Beförderungsmittel anvertrauen, ohne jeden Ersatz aufzuheben. Die Beruhigung für den Reisenden, daß bei einer Verunglückung auf der

---

gaben der Eisenbahn-Statistik unbedingt für richtig annehmen, da diese Zahlen auf völlig zweifellosen amtlichen Ermittelungen beruhen, welche seit Jahrzehnten mit der größten Pünktlichkeit und Zuverlässigkeit gemacht werden. Da dasselbe von der amtlichen Berufszählung gesagt werden muß, so bleibt uns zur Aufklärung dieser Differenz nur der eine Ausweg, anzunehmen, daß bei der Berufszählung die im Bahnunterhaltungsdienst thätigen, den Gefahren des Eisenbahnberufes ebenfalls ausgesetzten Arbeiter, welche zu einem erheblichen Theile nicht ständig in diesem Berufe, sondern vielfach, namentlich in der Landwirthschaft außerdem thätig sind, nicht mitgezählt wurden. Die Zahl der auf den Deutschen Bahnen im Bahnunterhaltungsdienst beschäftigten Arbeiter war für 1881/82 = 60 209, was die obige Differenz v. 75 000 noch immer nicht erreicht. Legen wir die Angaben der Preußischen Eisenbahnstatistik für die Jahre 1870 und 1871 zu Grunde, so erhalten wir ebenfalls Ziffern, welche von denjenigen, die Engel in der oben citirten statistischen Korrespondenz anführt, bezüglich der Zahl der im Eisenbahnberuf Thätigen abweichen.

Als Zahl der Eisenbahn-Beamten und -Arbeiter giebt Engel nur 81 470 an, während die amtliche Eisenbahnstatistik deren 115 653 nachweist bei 240 im Eisenbahnbetriebsdienst und bei Nebenbeschäftigungen Getödteten. Hiernach würde selbst für das höchst ungünstige Jahr 1871 die Gefährlichkeits-Ziffer für den Eisenbahnberuf nur 2,06 pro Tausend sein, nicht aber 2,77 (Engel'sche Durchschnittsziffer).

Es würde über den Zweck unserer Aufgabe hinausgehen, die Gründe der auffallenden Abweichungen in den Angaben der verschiedenen amtlichen Quellen über die Anzahl der im Eisenbahnberuf Thätigen zu ermitteln und zu erörtern. Wir können hier nur die interessante Thatsache feststellen. Vielleicht daß dieser Hinweis zu weiteren Untersuchungen Veranlassung giebt.

Bahn von Staatswegen für ihn und die Seinen gesorgt wird, ist ein so schätzbares und wohlthuendes Gefühl und ist bei der Häufigkeit der Eisenbahn-Reisen, von denen nach der Reichseisenbahn-Statistik im Jahr 1881/82 nicht weniger als 5 auf jeden Kopf der Deutschen Bevölkerung kamen, so sehr in das Volksbewußtsein übergegangen, daß wir es jedenfalls für zweckmäßig halten, wenn für die Reisenden wenigstens in irgend einer modificirten und für die Eisenbahnen minder ungerechten Form ein Schutz fortbestehe bezw. neugeschaffen werde*).

Es drängt sich hierbei fast von selbst der Gedanke auf, ob nicht dieser Schutz im Wege einer auf Mitleistung der Reisenden beruhenden Zwangs-Versicherung gefunden werden kann?

Bekanntlich ist es in England bereits allgemeine und durch die Eisenbahn-Verwaltungen selbst begünstigte Sitte geworden, daß man sich beim Antritt einer Reise bei einer der auf allen Eisenbahnstationen vertretenen zahlreichen Versicherungs-Gesellschaften für eine verhältnißmäßig sehr geringe Prämie eine Police kauft, kraft welcher bei eintretendem Reiseunfall bestimmte nach dem Gesichtspunkt der Größe der etwaigen Verletzung abgestufte Beträge ausgezahlt werden. Bekannt ist auch, daß eine Reihe deutscher Versicherungs-Gesellschaften die Versicherung gegen Reiseunfälle in ihr Programm aufgenommen und mit vielem Aufwand von Kosten und Arbeit in Uebung zu bringen versucht haben. Die Erfolge waren aber sehr gering naturgemäß, weil der Reisende sich durch das Haftpflicht-Gesetz gegen alle Gefahren der Eisenbahnreisen finanziell genügend gesichert fühlte.

Offenbar ist es nun bei der Schwerfälligkeit des deutschen Charakters und bei der Gewohnheit gerade des deutschen Reisenden, sich nach allen Richtungen hin durch die Verkehrs-Einrichtungen bevormunden zu lassen, ganz unthunlich, die Deutsche Bevölkerung auf die vorhandene Möglichkeit einer privaten Versicherung als den besten Schutz gegen Reiseunfälle hinzuweisen. Schon die Umständlichkeit einer be-

*) Wir nehmen bei der nachfolgenden Erörterung an, daß die nicht mit Dampfkraft betriebenen Eisenbahnen ausscheiden. Ist auch deren Gefährlichkeit kaum geringer, so paßt doch auf ihre Benutzung der Begriff der Reise nicht und es liegt zu einer solchen Ausdehnung kein Bedürfniß vor.

sonderen Prämienzahlung für jede Reise muß von einem irgend allgemeinen Gebrauch dieses Schutzmittels abschrecken.

Wie aber, wenn der Gesetzgeber sowohl den Reisenden zwingt, sich zu versichern, als auch gleichzeitig den Eisenbahnunternehmer, die Versicherung als Versicherer zu übernehmen und ihn ermächtigt, falls er sich durch den Fahrpreis nicht auch hierfür bezahlt hält, die geringfügige Prämie durch einen für den Reisenden gar nicht wahrnehmbaren Zuschlag zum Fahrpreise mit diesem zugleich zu erheben?

Der Gedanke würde sich in der Praxis ganz außerordentlich leicht ausführen lassen. Wie wir gesehen haben, beträgt die im Jahr 1881/82 auf Grund des Haftpflicht-Gesetzes an Reisende bezw. deren Hinterbliebene sogar einschließlich der an Dritte — nicht zu den Reisenden und zum Dienstpersonal gehörige — Personen gezahlte Entschädigungs-Summe für die gesammten Bahnen des Deutschen Reiches rund 384 000 M. — Da indessen die Versicherung auch die Fälle eigenen Verschuldens des Reisenden — mit Ausschluß des Vorsatzes und Muthwillens — umfassen müßte, so nehmen wir als den jährlich zu deckenden Betrag etwa das Doppelte, also 650 000 M. an. Die Gesammtzahl der durchfahrenen Personen-Kilometer im gleichen Zeitraum ist rund $6\frac{1}{2}$ Milliarden. Auf das Personen-Kilometer würde sonach ein Betrag von $\frac{1}{100}$ Pf. an Haftpflicht-Entschädigungen entfallen.

Hiernach würden, wenn man die Verschiedenheit der Fahrpreise und der Klassen nicht berücksichtigen wollte, zur Deckung der Haftpflicht-Entschädigungen für Reisende eine durchschnittliche Versicherungsgebühr von 1 Pf. für 100 Kilometer zu erheben sein, ein Zuschlag der selbst für einen Reisenden der IV. Klasse völlig unwahrnehmbar wäre, und zwar um so mehr, als schon jetzt die Billetpreise in der Weise abgerundet werden, daß die über 5 Pf. sich ergebenden ganzen oder Bruchtheil-Pfennige auf volle 10 Pf. abgerundet werden, so daß der Reisende der IV. Klasse in einem Billet, dessen Betrag beispielsweise auf 20 Pf. lautet, wenn dasselbe für eine Strecke von 8 Kilometern erhoben wird. — Normal-Tarif 2 Pf. $\times$ 8 = 16, abgerundet 20 Pf. — 4 Pf. mehr als die normale Taxe bezahlen muß, welcher Betrag schon die Versicherungsgebühr für 400 Kilometer decken würde.

Wir schlagen indessen nicht einen einheitlichen Satz der Versicherungsgebühr für alle Klassen vor, sondern halten es für nöthig, daß dieselbe für die einzelnen Klassen in ähnlichem Verhältniß normirt wird, wie die Fahrpreise. Dies ist schon deßhalb nothwendig, weil natürlich auch die Versicherungs-Summen je nach der benutzten Klasse und dem daraus in ganz allgemeinen Umrissen sich ergebenden wirthschaftlichen Vermögen des Reisenden abgestuft werden müssen.

Offenbar können aber in dem Tarif, dessen Aufstellung auf Grund specieller Berechnungen wohl am Sichersten der höchsten Reichsbehörde also dem Reichskanzler mit Zustimmung des Bundesraths zu übertragen wäre, nur ganz bestimmte feste Summen oder Renten nach der Verschiedenheit des Berufs, Alters, Geschlechts und der Größe der Verletzung festgesetzt werden, wie dies dem Begriff einer auf Leistungen des Versicherten basirten Versicherung entspricht. Andernfalls würde diese Versicherung eine neue Quelle von Processen werden.

Wir haben in dem von uns weiter unten formulirten Gesetzentwurf den hier ausgesprochenen Gedanken eine praktische Gestalt zu geben versucht.

Die aus einer solchen Zwangs-Versicherung sich ergebenden Vortheile gegenüber dem jetzigen Zustande nach § 1 des Haftpflichtgesetzes sehen wir hauptsächlich in Folgendem:

Die juristische Anomalie des § 1 wird beseitigt, die Quelle zahlloser Prozeße wird verstopft und es wird doch dem Reisenden die Beruhigung gewährt, daß er wenigstens wirthschaftlich gegen die ihm auf der Reise drohenden Gefahren einigermaßen selbst dann geschützt ist, wenn er durch eigene Unvorsichtigkeit bei der Eisenbahnbeförderung zu Schaden kommt. Endlich wird den Eisenbahnen eine zwar nicht drückende aber ihrer inneren Begründung nach entschieden ungerechte finanzielle Last abgenommen, und es wird dadurch auch dazu beigetragen werden, der übertriebenen durch das Haftpflichtgesetz genährten Vorstellung entgegenzuwirken, als beruhe jeder Betriebsunfall auf unverantwortlichem oder doch jedenfalls vermeidlichem menschlichem Versehen.

Immerhin glauben wir hoffen zu dürfen, daß die hier gegebene Anregung zu weiterer Behandlung und Erörterung dieser Frage Veranlassung giebt.

b) Neugestaltung der Haftpflicht für Eisenbahn-Bedienstete. 14

Nachdem wir den Vorschlag einer Zwangs-Versicherung für Reisende begründet und damit die Entbehrlichkeit des § 1 des Gesetzes für Reisende dargelegt haben; erübrigt noch die Erörterung der Maßnahmen, welche zum Schutz der im Eisenbahn-Beruf Thätigen an Stelle der bisherigen Bestimmungen erforderlich sind.

Denn mit einer bloßen Beseitigung des § 1 kann selbstverständlich die Frage nicht gelöst werden. Das zahlreiche Eisenbahn-Personal, unter welchem Ausdruck wir auch die der Postverwaltung unterstellten auf den Eisenbahnen thätigen Postbediensteten verstehen, kann eines Schutzes gegen die mit diesem Berufe verbundenen Gefahren ebenso wenig, wie das übrige in mehr oder weniger gefährlichen Berufsarten beschäftigte Personal entrathen. Wenn wir es auch für gewagt halten, die Verpflichtung des Arbeitgebers zu einem solchen Schutz aus der Theorie des Mandats nach dem bestehenden Recht herzuleiten, wie es u. A. von Silberschlag in seinem Aufsatze „zur Frage der Haftpflicht und Unfallversicherung"*) versucht wird, so erkennen wir doch diese Verpflichtung als ein Gebot unserer socialen Verhältnisse voll und ganz an. Die Gründe hierfür sind seit der Anregung einer allgemeinen gesetzlichen Unfall-Versicherung so nach allen Richtungen hin erwogen, daß wir über die Nothwendigkeit dieses Schutzes kein Wort zu verlieren brauchen. Sie ist, wie die Motive zum Unfall-Versicherungs-Gesetz-Entwurf sagen, Gegenstand einer Ueberzeugung, welche jetzt alle Schichten der Bevölkerung durchdringt.

Nur über die Bedingungen und das Maaß dieses Schutzes und die Art seiner Gewährung gehen die Ansichten auseinander.

Für erstere werden im Wesentlichen dieselben Gesichtspunkte entscheidend sein, wie für den Schutz der übrigen im Unfall-Versicherungs-Gesetz bezeichneten Arbeiter-Kategorien.

Der Schutz wird zu gewähren sein nicht nur im Falle von solchen Tödtungen und Verletzungen, welche beim Betriebe der Bahn eintreten, sondern überhaupt bei allen denen, die sich während oder aus

*) Im „Arbeiterfreund" Jahrgang 1881, Seite 254.

Anlaß der dienstlichen Thätigkeit ereignen. Das eigene Verschulden darf den Schutz nicht ausschließen, selbstverständlich aber der Vorsatz, und unserer Ansicht nach der ihm gleich zu achtende Muthwille (sog. luxuriae aut dolo proxima culpa des Römischen Rechts), während der Unfall-Gesetz-Entwurf den Entschädigungs-Anspruch nur bei vorsätzlicher Herbeiführung und auch dann nur für den Verletzten, nicht aber für die Hinterbliebenen desselben ausgeschlossen wissen will. Auch vorsätzliche Handlungsweise dritter Personen und unabwendbare Naturereignisse, welche mit dem Betriebe des Unternehmens in gar keinem Zusammenhange stehen, werden als Befreiungsgründe von der Haftpflicht angesehen werden müssen. Denn für Unfälle, welche außer jeder Beziehung zu der Berufsausübung des Geschädigten stehen, kann dem Unternehmer eine Haftpflicht nicht aufgebürdet werden, weil solche Unfälle mit der Gefährlichkeit des Berufs nichts zu thun haben.

Das Maaß des Schutzes wird im Unfall-Versicherung-Gesetz-Entwurf bekanntlich als Schadensersatz bezeichnet. Dasselbe soll bestehen:

a) im Falle der Verletzung

1. in den Kosten des Heilverfahrens vom Beginn der 14. Woche nach Eintritt des Unfalls ab,

2. in einer bei völliger Erwerbsunfähigkeit 66⅔%, bei theilweiser Erwerbsunfähigkeit höchstens 50% des durchschnittlichen Arbeitsverdienstes betragenden Jahresrente, wobei der 4 M. täglich übersteigende Betrag nur mit einem Drittel zur Anrechnung kommen soll.

b) im Falle der Tödtung

1. in einem Pauschquantum zum Ersatz der Beerdigungskosten im Betrage des Zwanzigfachen des durchschnittlichen täglichen Arbeitsverdienstes,

2. in der Gewährung einer Jahresrente von 20% des durchschnittlichen Arbeitsverdienstes des Verstorbenen an die Wittwe und von 10% an jedes hinterbliebene Kind bis zum zurückgelegten 15. Lebensjahr, bezw. von 15%, wenn das Kind auch mutterlos ist, wobei die Renten jedoch zusammen 50% des Arbeitsverdienstes nicht übersteigen dürfen.

3. in der Gewährung einer Jahresrente von 20% des Arbeitsverdienstes des Verstorbenen an bedürftige Ascendenten.

Im Falle ihrer Wiederverheirathung soll die Wittwe den dreifachen Betrag ihrer Jahresrente als Abfindung erhalten.

Der Entwurf enthält bezüglich des Maaßes der Entschädigung dann noch Bestimmungen über die Ermittelung der Höhe des durchschnittlichen Arbeitsverdienstes und die Zulässigkeit der Gewährung freier Kur und Verpflegung im Krankenhause bis zu beendigtem Heilverfahren an Stelle der Geldentschädigung.

Wir glauben, daß von einigen nicht allzu bedeutenden Modifikationen abgesehen diese Bestimmungen sehr wohl geeignet sind, auch auf das Berufs-Personal der Eisenbahnen angewendet zu werden.

Das höchste Gewicht legen wir vor Allem darauf, daß der Schadensersatz abweichend von dem Haftpflichtgesetz nicht auf die volle Höhe des bisherigen Arbeits-Verdienstes, sondern auf zwei Drittel bezw. bei nicht völliger Erwerbsunfähigkeit auf die Hälfte desselben festgesetzt ist.

Dadurch werden alle die socialen und sittlichen Gefahren beseitigt, welche nach unseren Erörterungen mit der jetzigen viel zu hoch gegriffenen Entschädigung verbunden sind, aller Reiz wird der Haftpflicht-Abfindung genommen und doch bleibt die Entschädigung für die große Mehrzahl der Fälle hoch genug, um den Verletzten und seine Familie gegen Nahrungssorgen zu schützen. Die Entschädigung gewinnt dadurch den Charakter einer wohlverdienten und immer noch reichlichen Pension und sie wird sich auch in ihrem Betrage dem Satze nähern, welcher beispielsweise im Preußischen Pensions-Gesetze für Fälle unverschuldeter dienstlicher Verunglückung in maximo festgesetzt ist.*) Die Aufgabe des öffentlichen Rechts, den in ihrem Berufe durch Unfälle Verunglückten Fürsorge angedeihen zu lassen, ist damit erfüllt.

Auch die Festsetzung, daß für alle Fälle einer fortbestehenden theilweisen Erwerbsfähigkeit höchstens 50 % gewährt werden soll, wird regelmäßig ausreichend sein. Eine weitere Abstufung der Procentsätze nach dem Grade des Restes der Erwerbsfähigkeit würde nur zu einer schwierigen Kasuistik führen und damit der Entstehung neuer Rechtsstreitigkeiten Vorschub leisten.

Für sehr wohlthätig würden wir eine Bestimmung des Inhalts

---

*) Der Höchstbetrag von $^3/_4$ des Gehalts bildet in der Regel nicht mehr als $^2/_3$ des Einkommens, da namentlich bei den Eisenbahnbeamten Nebenemolumente verschiedenster Art, welche bei Berechnung der Pension nicht in Anrechnung kommen, einen erheblichen Bestandtheil des Diensteinkommens bilden.

halten, daß in Fällen einer bestehen gebliebenen theilweisen Arbeitsfähigkeit der haftpflichtige Unternehmer gegen Fortgewähr des vollen bisherigen Arbeitsverdienstes berechtigt sein soll, den Verletzten in einer seinen Kenntnissen, Fähigkeiten und Lebensverhältnissen angemessenen Weise weiter zu beschäftigen. Es wird dadurch verhindert werden, daß ein mit der Hälfte seines Arbeits-Verdienstes abgefundener noch theilweise Erwerbsfähiger anderweit gegen vollen Lohn neben der Abfindung Arbeit sucht.

Die Bestimmungen über die Renten der Hinterbliebenen im Falle der Tödtung scheinen ebenfalls für alle Fälle ausreichend und den wirklichen Verhältnissen entsprechend, nach welchen regelmäßig anzunehmen ist, daß auf die Frau nicht mehr als $^1/_3$, auf jedes der Kinder nicht mehr als $^1/_6$ des gesammten Wirthschafts-Verbrauchs der Familie entfällt.

Für bedenklich aber halten wir die Beschränkung, daß von dem 4 M. täglich übersteigenden Arbeits-Verdienste bei der Berechnung der Renten nur $^1/_3$ zur Anrechnung kommen soll.

Dieselbe hat im Unfall-Versicherungs-Gesetz ihre Begründung darin, daß Betriebsbeamte der Versicherung nicht unterworfen sind, wenn ihr Arbeitsverdienst 2000 M. nicht übersteigt.

Gegen die Gefahren des Eisenbahnberufs müssen aber unseres Erachtens, wenn die Haftpflicht in ihrer jetzigen Gestalt soll fortfallen können, auch solche Beamte geschützt sein, deren Arbeitsverdienst 2000 M. übersteigt, soweit ihre oder ihrer Hinterbliebenen Zukunft nicht durch Pensions- oder Wittwen- und Waisengeld-Ansprüche sicher gestellt ist.

Wenn sonach die Bedingungen und das Maaß des Schutzes für die im Eisenbahn-Beruf Thätigen in allen wesentlichen Punkten in Uebereinstimmung mit dem mehrgedachten Gesetz-Entwurf werden normirt werden können, so bleibt nur noch die Frage zu beantworten, ob auch die Art und Weise des Schutzes, wie sie der Gesetz-Entwurf für alle andern gefährlichen Berufsarten aufstellt, auf die Verhältnisse des Eisenbahn-Wesens ohne Weiteres übertragbar sei.

Der Entwurf wählt bekanntlich den Weg der genossenschaftlichen Versicherung zur Lösung dieser schwierigen Frage. Er wählt ihn, weil bei der unendlich mannigfaltigen Art, Zahl und Größe der Betriebe, welche durch das Gesetz betroffen werden, kein anderer Weg geeignet schien, um den zu schützenden Berufs-Thätigen eine unbedingte Sicherheit für die Erfüllung der aus dem Gesetz den Betriebs-Unternehmern erwachsenden Verpflichtungen zu gewähren. Uns ist die Zahl der in Deutschland bestehenden und dem beabsichtigten Gesetz unterworfenen selbständigen Betriebe und Betriebsunternehmer zwar nicht bekannt, aber wir werden die Zahl mit einer Million schwerlich zu gering schätzen! Nach den Ergebnissen der Berufszählung vom 5. Juni 1882*) waren im Deutschen Reich in den verschiedenen Zweigen der Industrie nicht weniger als 2 201 152 selbständige Geschäftsleiter mit einem Verwaltungs-Personal von 99 080 und einem Gehilfen- und Arbeiter-Bestand von 4 096 131 Köpfen thätig. Von diesen selbständigen Geschäftsleitern wird jedenfalls die kleinere Hälfte den vom Gesetzentwurf aufgestellten Erfordernissen eines selbständigen Betriebsunternehmers genügen. Bei so enormen Zahlen aber ist von vornherein klar, daß sich unter diesen Unternehmern neben den mächtigsten und leistungsfähigsten auch zahllose unbedeutende, schwache, böswillige und unsichere Personen finden müssen, welche allein ihren Arbeitern keine genügende Gewähr bieten können.

Weit anders liegt die Frage bei den Eisenbahn-Unternehmungen! Neben dem Deutschen Reich und den Einzel-Staaten giebt es eine nur verhältnißmäßig kleine Anzahl von Eisenbahn-Unternehmungen, von denen die kleinste immerhin noch leistungsfähig und kapitalmächtig genug ist, um jeden Gedanken an eine Schwierigkeit bei der Erfüllung der Haftpflicht auszuschließen. Und auch die Zahl dieser kleinen Unternehmen mindert sich durch die Verstaatlichung immer mehr, so daß es in nicht allzuferner Zeit voraussichtlich, so weit Hauptbahnen in Frage kommen, im Deutschen Reiche nur einen einzigen mächtigen Eisenbahn-Unternehmer geben wird, nämlich dieses Reich selbst!

Freilich ist ja der Begriff der Eisenbahn weder auf Haupt- noch auf Neben-Bahnen beschränkt. Fast jedes Bergwerk, jede Hütte, jede größere Fabrik besitzt eigene Bahnen der allerverschiedensten Art, — schmalspurig, mit Maschinen- oder Pferde-Betrieb; normalspurig, angeschlossen an Haupt- oder Neben-Bahnen oder nicht! Betriebsunternehmer ist auf solchen Bahnen meist der Besitzer der Betriebsanlage, zu der die Bahn gehört. Die meisten größeren Städte besitzen ferner ihre selbstständigen Tram- oder Pferde-Bahnen, welche bekanntlich eben-

*) Monatsschrift zur Statistik des Deutschen Reichs für das Jahr 1883, Juliheft, S. 83.

falls unter den Eisenbahn-Begriff fallen. Auch hoffen wir, daß die Zeit nicht allzu fern ist, in der wir jedes größere Dorf und jede Stadt an die großen Bahnen durch Nebenbahnen angeschlossen sehen, welche dem Zuge der Landstraßen und Chausseen folgend zwar mit mäßiger Geschwindigkeit, aber mit noch größerer Oekonomie und Sicherheit den Waaren- und Personen-Verkehr des platten Landes und der Land-Städte den Straßen des Weltverkehrs zuführen. Für solche Nebenlinien werden dann die Provinzen, die Kreise, die Städte und Landgemeinden selbst als Betriebsunternehmer auftreten müssen.

Aber immer und unter allen Umständen werden die Eisenbahn-Unternehmer mit verschwindenden Ausnahmen schon durch das in diesem Unternehmen nothwendig angelegte immerhin bedeutende Kapital eine verhältnißmäßig große Garantie für die Erfüllung der Haftpflicht bieten, so daß eine genossenschaftliche Organisation zur Tragung dieser Lasten im Interesse des zu schützenden Personals nicht erforderlich erscheint. Gegen etwaige chikanöse oder böswillige Weigerungen würde auch, abgesehen von dem richterlichen Schutz, schon die öffentliche Aufsicht des Staates mit ihren Zwangsmitteln gegen die Eisenbahnunternehmungen eine völlig ausreichende Gewähr bieten.

Wir halten also zur Erreichung des socialen Schutzes den Eisenbahnunternehmungen gegenüber den Weg der Versicherung mit ihrer höchst verwickelten und schwierigen Organisation ebensowenig für erforderlich, als bei der bisherigen strengeren Haftpflicht der Eisenbahnen*). Uns wenigstens ist innerhalb Deutschlands nicht ein einziger Fall bekannt geworden, daß Haftpflicht-Ansprüche aus § 1 des Gesetzes wegen Zahlungsunfähigkeit des Betriebsunternehmers nicht hätten in Vollzug gesetzt werden können.

Wird aber die Versicherung nicht für nöthig gehalten, so bietet sich der Ausspruch des Gesetzes über die Verpflichtung des Betriebsunternehmers ganz von selbst als der einfache und sichere Wege der Lösung unserer Frage.

Zur Vervollständigung des neuen Haftpflicht-Gesetzes werden aus dem jetzt bestehenden Gesetz ferner noch die Bestimmungen des § 5 (Un-

*) Dies schließt nicht aus, daß sich Eisenbahnen freiwillig zu Versicherungs-Verbänden zusammenschließen, wie ein solcher jetzt in dem Verein der Deutschen Privatbahnen besteht.

gültigkeit von vertraglichen Festsetzungen, welche die Haftpflicht abändern) und des § 8 (die 2jährige Verjährungsfrist) herüberzunehmen sein.

Von den übrigen Paragraphen des jetzigen Haftpflicht-Gesetzes wird der zweite (Haftpflicht der Unternehmer von Bergwerken, Steinbrüchen und Fabriken) in seinem wesentlichen Inhalt durch das zu erwartende Unfall-Versicherungs-Gesetz beseitigt. Die §§ 6, 7 und 10 haben schon seit der Justiz-Organisation ihre Bedeutung verloren.

Einer besonderen Erwägung bedarf noch die sog. Lasker'sche Klausel (§ 4 des jetzigen Gesetzes), wonach die Leistungen von Versicherungsanstalten, Knappschafts-Unterstützungs-Kranken- oder ähnlichen Kassen, bei welchen der Beschädigte gegen den Unfall versichert war, auf die Ersatzleistung des Betriebs-Unternehmers mit anzurechnen sind, wenn dessen Mitleistung zu den Prämien oder Beiträgen an die gedachten Anstalten nicht unter einem Drittel beträgt.

Diese Bestimmung hat jetzt durch die Einführung der obligatorischen Kranken-Versicherung eine besondere Bedeutung gewonnen. Durch dieselbe sind dem Verletzten, wenn er nicht zu den Beamten mit einem 2000 M. jährlich übersteigenden Gehalt oder Verdienst gehört, für die ersten 13 Wochen einer Erkrankung und theilweise auch seinen Hinterbliebenen gesetzlich eine Reihe von Wohlthaten gesichert, welche auf das nach unserm Haftgesetz zu Gewährende unbedenklich angerechnet werden müssen, nicht allein deßhalb, weil der Unternehmer zu den Leistungen der Krankenkassen mindestens mit $^1/_3$ beitragen muß, sondern auch weil naturgemäß die gesetzliche Haftpflicht nur in soweit einzutreten braucht, als nicht schon ohne dieselbe ein gesetzlicher Schutz gegen die vermögensrechtlichen Nachtheile der Verletzungen und Tödtungen durch Unfälle vorhanden ist.

Es wird daher in das neue Gesetz ein Satz aufgenommen werden müssen, daß alle dem Beschädigten oder seinen Hinterbliebenen gegen die auf Grund des Kranken-Versicherungs-Gesetzes errichteten Krankenkassen zustehenden Leistungen auf die nach dem Haftpflichtgesetz zustehende Entschädigung in Anrechnung kommen.

Bezüglich der Leistung anderer Pensions- Invaliditäts- oder Versicherungs-Anstalten erscheint die Anrechnung auf die Haftpflicht-Entschädigung insoweit nothwendig, als diese Leistungen auf Beiträgen des Unternehmers beruhen.

Offenbar hängt gerade an diesem Punkt die Frage der Unfall-Haftpflicht auf das Engste zusammen mit einer andern, deren endlicher befriedigender Lösung wir Dank den unausgesetzten Bemühungen der Reichs-Regierung zweifellos binnen absehbarer Frist entgegensehen können: die Frage einer allgemeinen gesetzlichen Alters- und Invaliditäts-Versorgung für die arbeitenden Klassen.

Doch wir würden mit dem Eintritt in diesen breiten Stoff die Grenzen der uns gesteckten Aufgabe überschreiten und wir begnügen uns daher mit dem Hinweis auf den innigen Zusammenhang und die nothwendige Ergänzung der Unfalls-Haftpflicht durch die Alters- und Invaliditätsversorgung.

c) Formulirung des neuen Haftpflicht-Gesetz-Entwurfs.

Fassen wir nun das Resultat unserer Vorschläge zusammen, so würde das neue Haftpflicht-Gesetz etwa folgenden Wortlaut haben:

§ 1.

Das Gesetz vom 7. Juni 1871 betreffend die Verbindlichkeit zum Schadensersatz für die bei dem Betriebe von Eisenbahnen, Bergwerken, Steinbrüchen, Gräbereien und Fabriken herbeigeführten Tödtungen und Körper-Verletzungen wird mit dem .... aufgehoben.

I. Abschnitt.

Schadensersatz bei Tödtung und Verletzung der im Dienste des Unternehmers oder der Postbehörde angestellten oder beschäftigten Personen bei Ausübung oder aus Veranlassung des Eisenbahndienstes.

§ 2.

Der Betriebs-Unternehmer einer Eisenbahn haftet für den durch jede Tödtung oder Verletzung entstehenden Schaden, welche einer im Dienste des Unternehmers angestellten oder beschäftigten Person bei Ausübung oder aus Veranlassung ihrer dienstlichen Thätigkeit widerfährt. Die Haftpflicht ist ausgeschlossen, wenn die Beschädigung durch Vorsatz oder Muthwillen des Verletzten selbst oder durch vorsätzliche Handlungsweise dritter Personen oder aber durch ein unabwendbares mit dem Betriebe des Unternehmens in keinem Zusammenhange stehendes Naturereigniß herbeigeführt ist.

§ 3.

Wird eine im Dienste der Post-Verwaltung stehende Person bei Ausübung oder aus Veranlassung dieses Dienstes im Betriebe der Eisenbahn getödtet oder verletzt, so haftet die Post-Behörde für den durch die Tödtung und Verletzung entstehenden Schaden Die Haftpflicht ist ausgeschlossen, wenn die Beschädigung durch Vorsatz oder Muthwillen des Verletzten selbst oder durch vorsätzliche Handlungsweise dritter Personen oder aber durch ein unabwendbares mit dem Betriebe des Unternehmens in keinem Zusammenhange stehendes Naturereigniß herbeigeführt ist.

§ 4.

Der Schadensersatz (§§ 2 und 3) ist zu leisten:

a) im Falle der Verletzung

1. durch Erstattung der Kosten des Heilverfahrens,
2. durch Zahlung einer bei völliger Erwerbsunfähigkeit 66⅔%, bei theilweiser Erwerbsunfähigkeit höchstens 50% des durchschnittlichen Diensteinkommens bezw. Arbeitsverdienstes betragenden Jahresrente.

b) im Falle der Tödtung,

1. durch Zahlung einer Pauschsumme zum Ersatz der Beerdigungskosten, welche bei den mit Gehalt Angestellten zwei Drittheilen eines Monatsgehalts, bei den im Lohnverhältniß stehenden dem zwanzigfachen durchschnittlichen täglichen Arbeitsverdienst gleichkommt.
2. durch Zahlung einer Jahresrente von 20% des durchschnittlichen Diensteinkommens oder Arbeitsverdienstes an die Wittwe und von 10% an jedes hinterbliebene Kind bis zum zurückgelegten 15 Lebensjahre, bezw. von 15%, wenn das Kind auch mutterlos ist.

Die nach 2 zu zahlenden Renten dürfen zusammen 50% des Arbeitsverdienstes nicht übersteigen.

Bedürftige Verwandte der aufsteigenden Linie können eine Jahresrente von 20% des durchschnittlichen Diensteinkommens bezw. Arbeitsverdienstes des Getödteten beanspruchen, wenn sie ihren Lebensunterhalt bisher ganz oder theilweise aus den Unterstützungen des Getödteten bestritten haben.

Verwandte der aufsteigenden Linie dürfen jedoch zusammen nie mehr als $33^{1}/_{3}\%$ des durchschnittlichen Diensteinkommens bezw. Arbeitsverdienstes des Getödteten erhalten.

§ 5.

Die Bestimmungen des Unfall-Versicherungs-Gesetzes über die Ermittlung des durchschnittlichen Arbeitsverdienstes des Verletzten oder Getödteten finden auch auf die nach § 2 und 3 dieserhalb erforderlichen Ermittlungen Anwendung.

§ 6.

Auf den nach § 4 zu leistenden Schadensersatz sind alle diejenigen Zuwendungen voll anzurechnen, welche die Geschädigten kraft gesetzlicher oder statutarischer Bestimmung von dem Betriebsunternehmer oder im Falle des § 3 von der Postbehörde in der Gestalt von Pensionen, Wittwen- und Waisengeldern, Erziehungsgeldern oder Unterstützungen erhalten, sowie alle diejenigen Zuwendungen, welche ihren auf Grund des Kranken-Versicherungs-Gesetzes aus den demselben unterworfenen Kassen zu Theil werden. War der Getödtete oder Verletzte unter Mitleistung von Beiträgen seitens des Betriebs-Unternehmers bezw. im Fall des § 3 der Postbehörde bei einer Versicherungs-Anstalt, bei Knappschafts-, Unterstützungs- oder ähnlichen Kassen gegen den Unfall versichert, so ist die Leistung der letzteren an den Ersatzberechtigten auf die Entschädigung zu dem so vielten Theile anzurechnen, zu welchem diese Leistung auf den Beiträgen des Betriebs-Unternehmers bezw. der Postbehörde beruht.

§ 7.

Bei Verletzungen, welche eine nur theilweise Erwerbsunfähigkeit zur Folge haben, ist der Verletzte verpflichtet gegen Gewährung seines bisherigen vollen Diensteinkommens oder Arbeitsverdienstes eine seinen Fähigkeiten, Kenntnissen und Kräften sowie seinem Bildungsgrade und seiner socialen Stellung angemessene Beschäftigung zu übernehmen, welche ihm von dem Betriebs-Unternehmer bezw. im Fall des § 3 von der Postbehörde übertragen wird. Der Betriebs-Unternehmer bezw. die Postbehörde kann dem Verletzten diese Beschäftigung unter Gewährung der nach § 3 zu bestimmenden Jahresrente jederzeit unter denselben Voraussetzungen wieder entziehen, unter welchen das dienstliche Verhältniß vor der Verletzung auflösbar war.

II. Abschnitt.
Versicherung der Reisenden gegen Tödtung oder Verletzung bei Beförderung auf der Bahn.

§ 8.

Der Betriebs-Unternehmer einer mit Dampfkraft betriebenen Eisenbahn ist verpflichtet, die auf derselben gegen Entgelt beförderten Reisenden gegen alle Unfälle, welche ihnen während dieser Beförderung oder dem damit verbundenen Aufenthalt innerhalb des Bahngebiets zustoßen, zu versichern. Ausgeschlossen von der Versicherung sind nur solche Unfälle, welche durch Vorsatz oder Muthwillen des Reisenden selbst oder durch vorsätzliche Handlungsweise dritter Personen oder aber durch ein mit dem Betrieb in keinem Zusammenhang stehendes unabwendbares Naturereigniß herbeigeführt sind.

Die Zeitdauer der Versicherung beginnt mit dem Augenblick, mit welchem der Reisende nach erfolgter Entrichtung des Fahrpreises das Bahngebiet betritt und endigt mit dem Augenblick, in dem der Reisende nach Ankunft auf der Bestimmungsstation das Bahngebiet verlassen hat. Bei Unterbrechungen der Reise ruht die Versicherung, so lange der Reisende sich außerhalb des Bahngebiets aufhält.

§ 9.

Die Höhe der für den Fall einer Tödtung oder Verletzung des Reisenden zu zahlenden Versicherungssumme wird durch einen vom Reichskanzler mit Zustimmung des Bundesraths zu erlassenden Tarif bestimmt, welcher die nach dem Beruf, Alter, dem Geschlecht und der benutzten Fahrklasse sowie nach dem Grade und dem Umfang der Verletzung abzustufenden Beträge im Einzelnen festsetzt.

Die Zahlung der Summe erfolgt im Falle der Tödtung an die Rechtsnachfolger des Getödteten.

§ 10.

Der Betriebs-Unternehmer ist berechtigt, zur Erfüllung der ihm nach § 7 obliegenden Verpflichtung einen Zuschlag zu dem Fahrpreise zu erheben, welcher in der IV. Klasse 0,5 Pf., in der III. Klasse 1,0 Pf., in der II. Klasse 1,5 Pf. und in der I. Klasse 3 Pf. für 100 Kilometer nicht übersteigen darf. Der Zuschlag ist stets mit dem Fahrpreise zusammen in einer auf 5 oder 10 Pf. abzurundenden Gesammtsumme zu erheben.

Die Fahrkarten müssen bei den Bahnen, welche von diesem Rechte Gebrauch machen, auf der Vorderseite hinter der Angabe des Fahrpreises den Aufdruck erhalten: „einschließlich der Versicherungsgebühr". Alle für die Beförderung auf Deutschen Bahnen gültigen gegen Entgelt gelösten Fahrkarten müssen den Aufdruck erhalten: „der Inhaber ist gegen Unfallsgefahren während der Beförderung nach Maßgabe des Gesetzes vom .... versichert".

§ 11.

Die Ausführungs-Bestimmungen zu den §§ 8 bis 10 dieses Gesetzes sind vom Reichskanzler mit Zustimmung des Bundesraths zu erlassen. In denselben ist zugleich festzusetzen, ob und in wie weit die Versicherung nach Maßgabe der §§ 8—10 auch auf diejenigen Personen, welche zur unentgeltlichen Beförderung auf der Eisenbahn berechtigt sind, sowie diejenigen, welche unter Stundung des Fahrpreises befördert werden, ausgedehnt werden soll.

III. Abschnitt.

Allgemeine Bestimmungen.

§ 12.

Die auf Grund dieses Gesetzes geltend zu machenden Schadensersatz- und Versicherungs-Ansprüche verjähren binnen 2 Jahren vom Tage des Unfalls an.

§ 13.

Die Bestimmungen der Landesgesetze, nach welchen außer den in diesem Gesetz vorgesehenen Fällen der Betriebsunternehmer einer Eisenbahn oder eine andere Person für den durch Tödtung oder Körperverletzung eines Menschen entstandenen Schaden haftet, bleiben unberührt.

§ 14.

Ein im Voraus geleisteter Verzicht auf die Schadensersatzansprüche, welche dieses Gesetz gewährt, ist ohne rechtliche Wirkung.

Anlage I.

Verzeichniß

derjenigen Personen, welche zur Zeit von der Braunschweigischen Eisenbahn-Verwaltung auf Grund des § 1 des Haftpflicht-Gesetzes Renten beziehen unter Angabe des Jahres und der Art der Verletzung.

I. Schwer Verletzte.

	Jahr d. Verletzung.	Art der Verletzung.	Bemerkungen.
1. Knecht N. N.	1871	Quetschung des Unterleibs.	
2. Postsekretair N. N.	1872	railway spine (Rückenmarkerschütterung m. folgender Rückenmarkentzündung).	Vergl. über diese Krankheit 6 der Schrift. Ueber die Fälle von railway spine aus den Jahren vor 1880 sind neuere ärztliche Atteste nicht vorhanden.
3. Oberschaffner N. N.	1872	railway spine.	
4. Lokomotivputzer N. N.	1873	Beide Beine abgefahren.	
5. Werkstättentischler N. N.	1873	railway spine.	
6. Bremser N. N.	1873	Innere Verletzungen.	
7. Postschaffner N. N.	1873	Quetschung der Leber und Magengegend.	
8. Lokomotivführer N. N.	1873	Gehirn-Erschütterung.	
9. Bremser N. N.	1874	railway spine.	
10. Rangirer N. N.	1874	Beide Beine überfahren.	
11. Bremser N. N.	1874	railway spine.	
12. Bremser N. N.	1878	railway spine.	
13. Schaffner N. N.	1880	railway spine.	
14. Zugbegleiter N. N.	1881	Gehirn-Erschütterung mit geistiger Störung.	
15. Lokomotivheizer N. N.	1881	railway spine.	
16. Lokomotivheizer N. N.	1882	railway spine.	
17. Lokomotivheizer N. N.	1882	railway spine.	
18. Bremser N. N.	1883	railway spine.	
19. Wagenwärter N. N.	1883	Kontusion der Brust u. des Unterleibes.	

II. Leichter Verletzte.

	Jahr d. Verletzung.	Art der Verletzung.	Bemerkungen.
1. Bahnhofsarbeiter N. N.	1871	Knochenleiden am Kreuzbein.	
2. Postschaffner N. N.	1872	railway spine.	Das körperliche Wohlbefinden ist zurückgekehrt, nicht aber die Arbeitsfähigkeit.
3. Feuermann N. N.	1872	Quetschung der Brust.	Zu leichten Diensten fähig.
4. Bremser N. N.	1873	Verlust d. rechten Arms.	
5. Lokomotivheizer N. N.	1873	Bruch des rechten Oberschenkels.	
6. Bahnhofsarbeiter N. N.	1873	Chronische Entzündung des rechten Handgelenks.	
7. Bahnhofsarbeiter N. N.	1873	Amputation des rechten Beines übern Knie.	
8. Verbands-Packmeister N. N.	1873	Leichte Brust- u. Rückenmarkerschütterung.	Gang schwerfällig, Appetit und sonstige Körperfunktionen gut.
9. Bahnarbeiter N. N.	1875	Drei Zehen des rechten Fußes abgefahren.	
10. Lokomotivheizer N. N.	1875	Chronische Kniegelenksentzündung.	
11. Bremser N. N.	1875	Geringe Rückenmarkerschütterung.	Fast völlige Herstellung, nur theilweise arbeitsfähig.
12. Bodenmeister N. N.	1875	railway spine.	Sein Befinden ist so gut, daß er in einem kaufmännischen Geschäfte als Aufseher beschäftigt und besoldet wird.
13. Oberschaffner N. N.	1878	Verlust des linken Arms und dreier Finger der rechten Hand.	
14. Gehülfe N. N.	1878	Verlust d. linken Unterschenkels.	Wird im Büreau beschäftigt.
15. Nachtwächter N. N.	1878	Fußverrenkung m. chronischen Folgen.	
16. Koppler N. N.	1879	Verlust d. linken Beins.	
17. Arbeiter N. N.	1879	Knochenbruch d. Wadenbeins am linken Unterschenkel.	
18. Bahnwärter N. N.	1880	Amputation des linken Beins.	
19. Lokomotivführer-Lehrling N. N.	1880	Bruch des rechten Oberarmknochens.	
20. Lokomotivführer-Lehrling N. N.	1880	Schwächung der Sehkraft durch Verbrennung der Augenlider u. Hornhaut d. Augen.	

	Jahr d. Verletzung.	Art der Verletzung.	Bemerkungen.
21. Packmeister N. N.	1881	railway spine.	Zurückgekehrtes Wohlbefinden, Krankheitprozeß abgeschlossen. Arbeitsunfähigkeit dauert fort.
22. Packmeister N. N.	1881	railway spine.	Theilweise Lähmung der Beine, sonst Rückkehr des Wohlbefindens.
23. Schlosser N. N.	1882	Quetschung des linken Ellenbogens.	
24. Bahnmeister N. N.	1882	Brustquetschung.	Körperliches Wohlbefinden zurückgekehrt; geringes Lahmen und Engbrüstigkeit. Prozeß schwebt in II. Instanz.
25. Lokomotivheizer N. N.	1883	Muskelbruch des rechten Armes.	
26. Bahnarbeiter N. N.	1883	Rippenquetschung.	
27. Bremser N. N.	1883	Bruch der linken Handwurzel.	
28. Bremser N. N.	1883	Amputation des rechten Unterarms.	

Anlage II.

Gesetz,

betreffend

die Verbindlichkeit zum Schadensersatz für die bei dem Betriebe von Eisenbahnen, Bergwerken rc. herbeigeführten Tödtungen und Körperverletzungen.

Vom 7. Juni 1871.

§ 1.

Wenn bei dem Betriebe einer Eisenbahn ein Mensch getödtet oder verletzt wird, so haftet der Betriebs-Unternehmer für den dadurch entstandenen Schaden, sofern er nicht beweist, daß der Unfall durch höhere Gewalt oder durch eigenes Verschulden des Getödteten oder Verletzten verursacht ist.

§ 2.

Wer ein Bergwerk, einen Steinbruch, eine Gräberei (Grube) oder eine Fabrik betreibt, haftet, wenn ein Bevollmächtigter oder ein Repräsentant oder eine zur Leitung oder Beaufsichtigung des Betriebes oder der Arbeiter angenommene Person durch ein Verschulden in Ausführung der Dienstverrichtungen den Tod oder die Körperverletzung eines Menschen herbeigeführt hat, für den dadurch entstandenen Schaden.

§ 3.

Der Schadensersatz (§§ 1 und 2) ist zu leisten:

1. im Falle der Tödtung durch Ersatz der Kosten einer versuchten Heilung und der Beerdigung, sowie des Vermögens-Nachtheils, welchen der Getödtete während der Krankheit durch Erwerbs-Unfähigkeit oder Verminderung der Erwerbsfähigkeit erlitten hat. War der Getödtete zur Zeit seines Todes vermöge Gesetzes ver-

pflichtet, einem Andern Unterhalt zu gewähren, so kann dieser insoweit Ersatz fordern, als ihm in Folge des Todesfalles der Unterhalt entzogen worden ist;

2. im Fall einer Körperverletzung durch Ersatz der Heilungskosten und des Vermögens-Nachtheils, welchen der Verletzte durch eine in Folge der Verletzung eingetretene zeitweise oder dauernde Erwerbsunfähigkeit oder Verminderung der Erwerbsfähigkeit erleidet.

§ 4.

War der Getödtete oder Verletzte unter Mitleistung von Prämien oder anderen Beiträgen durch den Betriebs-Unternehmer bei einer Versicherungs-Anstalt, Knappschafts-, Unterstützungs-, Kranken- oder ähnlichen Kasse gegen den Unfall versichert, so ist die Leistung der Letzteren an den Ersatz-Berechtigten auf die Entschädigung einzurechnen, wenn die Mitleistung des Betriebs-Unternehmers nicht unter einem Drittel der Gesammtleistung beträgt.

§ 5.

Die in den §§ 1 und 2 bezeichneten Unternehmer sind nicht befugt, die Anwendung der in den §§ 1 bis 3 enthaltenen Bestimmungen zu ihrem Vortheil durch Verträge (mittelst Reglements oder durch besondere Uebereinkunft) im Voraus auszuschließen oder zu beschränken.

Vertrags-Bestimmungen, welche dieser Vorschrift entgegenstehen, haben keine rechtliche Wirkung.

§ 6.

Das Gericht hat über die Wahrheit der thatsächlichen Behauptungen unter Berücksichtigung des gesammten Inhalts der Verhandlungen nach freier Ueberzeugung zu entscheiden.

Die Vorschriften der Landes-Gesetze über den Beweis durch Eid, sowie über die Beweiskraft öffentlicher Urkunden und gerichtlicher Geständnisse bleiben unberührt.

Ob einer Partei über die Wahrheit oder Unwahrheit einer thatsächlichen Behauptung noch ein Eid aufzuerlegen, sowie ob und inwieweit über die Höhe des Schadens eine beantragte Beweis-Aufnahme anzuordnen oder Sachverständige mit ihrem Gutachten zu hören, bleibt dem Ermessen des Gerichts überlassen.

§ 7.

Das Gericht hat unter Würdigung aller Umstände über die Höhe des Schadens, sowie darüber, ob, in welcher Art und in welcher Höhe Sicherheit zu bestellen ist, nach freiem Ermessen zu erkennen. Als Ersatz für den zukünftigen Unterhalt oder Erwerb ist, wenn nicht beide Theile über die Abfindung in Kapital einverstanden sind, in der Regel eine Rente zuzubilligen.

Der Verpflichtete kann jederzeit die Aufhebung oder Minderung der Rente fordern, wenn diejenigen Verhältnisse, welche die Zuerkennung oder Höhe der Rente bedingt hatten, inzwischen wesentlich verändert sind. Ebenso kann der Verletzte, dafern er den Anspruch auf Schadenersatz innerhalb der Verjährungsfrist (§ 8) geltend gemacht hat, jederzeit die Erhöhung oder Wiedergewährung der Rente fordern, wenn die Verhältnisse, welche für die Feststellung, Minderung oder Aufhebung der Rente maßgebend waren, wesentlich verändert sind.

Der Beschädigte kann auch nachträglich die Bestellung einer Sicherheit oder Erhöhung derselben fordern, wenn die Vermögens-Verhältnisse des Verpflichteten inzwischen sich verschlechtert haben.

§ 8.

Die Forderungen auf Schadenersatz (§§ 1 bis 3) verjähren in zwei Jahren vom Tage des Unfalls an. Gegen denjenigen, welchem der Getödtete Unterhalt zu gewähren hatte (§ 3, Nr. 1) beginnt die Verjährung mit dem Todestage. Die Verjährung läuft auch gegen Minderjährige und diesen gleichgestellte Personen von denselben Zeitpunkten an, mit Ausschluß der Wiedereinsetzung.

§ 9.

Die Bestimmungen der Landes-Gesetze, nach welchen außer den in diesem Gesetz vorgesehenen Fällen der Unternehmer einer in den §§ 1 und 2 bezeichneten Anlage oder eine andere Person insbesondere wegen eines eigenen Verschuldens für den bei dem Betriebe, der Anlage durch Tödtung oder Körperverletzung eines Menschen entstandenen Schaden haftet, bleiben unberührt.

Die Vorschriften der §§ 3, 4, 6 bis 8 finden auch in diesen Fällen Anwendung, jedoch unbeschadet derjenigen Bestimmungen der Landes-Gesetze, welche dem Beschädigten einen höheren Ersatz-Anspruch gewähren.

§ 10.

Die Bestimmungen des Gesetzes, betreffend die Errichtung eines obersten Gerichtshofes für Handelssachen, vom 12. Juni 1869, sowie die Ergänzungen desselben werden auf diejenigen bürgerlichen Rechtsstreitigkeiten ausgedehnt, in welchen durch die Klage oder Widerklage ein Anspruch auf Grund des gegenwärtigen Gesetzes oder der im § 9 erwähnten landesgesetzlichen Bestimmungen geltend gemacht wird.

FSC
www.fsc.org
MIX
Papier | Fördert gute Waldnutzung
FSC® C083411

Kolibri 360 GmbH
Ferdinand-Jühlke-Straße 7
99095 Erfurt, Deutschland
produktsicherheit@kolibri360.de